助力乡村振兴
出版计划

【现代农业科技与管理系列】

农作物秸秆
综合利用技术

主　　编　胡宏祥

副 主 编　李孝良

编写人员　胡宏祥　李孝良　赵建荣　马　超

　　　　　李　帆　方　恒　程文龙　柴如山

U0396079

时代出版传媒股份有限公司
安徽科学技术出版社

图书在版编目(CIP)数据

农作物秸秆综合利用技术 / 胡宏祥主编. --合肥:安徽科学技术出版社,2022.12

助力乡村振兴出版计划.现代农业科技与管理系列

ISBN 978-7-5337-8426-3

Ⅰ.①农… Ⅱ.①胡… Ⅲ.①秸秆-综合利用 Ⅳ.①S38

中国版本图书馆 CIP 数据核字(2022)第 214640 号

农作物秸秆综合利用技术 主编 胡宏祥

出版人:丁凌云 选题策划:丁凌云 蒋贤骏 余登兵 责任编辑:吴 玲
责任校对:蔡琴凤 责任印制:梁东兵 装帧设计:王 艳
出版发行:安徽科学技术出版社 http://www.ahstp.net
(合肥市政务文化新区翡翠路 1118 号出版传媒广场,邮编:230071)
电话:(0551)63533330
印 制:安徽联众印刷有限公司 电话:(0551)65661327
(如发现印装质量问题,影响阅读,请与印刷厂商联系调换)

开本:720×1010 1/16 印张:7.75 字数:100 千
版次:2022 年 12 月第 1 版 印次:2022 年 12 月第 1 次印刷

ISBN 978-7-5337-8426-3 定价:39.00 元

出 版 说 明

　　"助力乡村振兴出版计划"（以下简称"本计划"）以习近平新时代中国特色社会主义思想为指导，是在全国脱贫攻坚目标任务完成并向全面推进乡村振兴转进的重要历史时刻，由中共安徽省委宣传部主持实施的一项重点出版项目。

　　本计划以服务乡村振兴事业为出版定位，围绕乡村产业振兴、人才振兴、文化振兴、生态振兴和组织振兴展开，由《现代种植业实用技术》《现代养殖业实用技术》《新型农民职业技能提升》《现代农业科技与管理》《现代乡村社会治理》五个子系列组成，主要内容涵盖特色养殖业和疾病防控技术、特色种植业及病虫害绿色防控技术、集体经济发展、休闲农业和乡村旅游融合发展、新型农业经营主体培育、农村环境生态化治理、农村基层党建等。选题组织力求满足乡村振兴实务需求，编写内容努力做到通俗易懂。

　　本计划的呈现形式是以图书为主的融媒体出版物。图书的主要读者对象是新型农民、县乡村基层干部、"三农"工作者。为扩大传播面、提高传播效率，与图书出版同步，配套制作了部分精品音视频，在每册图书封底放置二维码，供扫码使用，以适应广大农民朋友的移动阅读需求。

　　本计划的编写和出版，代表了当前农业科研成果转化和普及的新进展，凝聚了乡村社会治理研究者和实务者的集体智慧，在此谨向有关单位和个人致以衷心的感谢！

　　虽然我们始终秉持高水平策划、高质量编写的精品出版理念，但因水平所限仍会有诸多不足和错漏之处，敬请广大读者提出宝贵意见和建议，以便修订再版时改正。

本册编写说明

我国是农业大国,每年产生9亿吨作物秸秆,秸秆的不合理处置会造成农业资源的浪费,同时会造成环境污染;反之,秸秆若处置得当,会是一项宝贵的农业资源。秸秆高值化利用和资源化利用是中国《2030年前碳达峰行动方案》中的重要内容,国家和地方陆续出台关于支持秸秆综合利用的政策,将加速秸秆产业化进程。在此背景下,需要相应的秸秆综合利用方面的培训材料或科普读物,培训引导新型农民、县乡村基层干部、"三农"工作者参与秸秆资源化利用的行动,助力推进乡村振兴战略,加快农业农村现代化建设。这是贯彻落实《中共中央 国务院 关于全面推进乡村振兴 加快农业农村现代化的意见》等文件要求的一种实际行动。

本书包括四章内容:第一章介绍了农作物秸秆及资源化利用前景,由方恒、马超和胡宏祥编写;第二章介绍了农作物秸秆综合利用的指导思想和发展目标,由马超和胡宏祥编写;第三章介绍了农作物秸秆综合利用的主要领域,由李帆和李孝良编写;第四章介绍了农作物秸秆综合利用的保障措施,由程文龙、赵建荣和胡宏祥编写。全书由胡宏祥统稿并修改完善。

本书的编写得到了安徽农业大学、安徽省农科院、安徽科技学院,以及省市县农业部门的大力支持,在此表示诚挚的感谢!

目　录

第一章 农作物秸秆及资源化利用前景

▶ 第一节 农作物秸秆的产生

一 农业废弃物

农业废弃物是指在农业生产和农产品加工过程中被丢弃的有机类物质。主要分为四大类（图1-1）：第一类是农、林业生产过程中产生的残余物，即植物类废弃物；第二类是牧、渔业生产过程中产生的残余物，即动物类废弃物；第三类是农、林、牧、渔业加工过程中产生的残余物，即加工类废弃物；第四类是农村居民生活废弃物。近年来，随着我国农业集约化、规模化和高效化发展，农业废弃物逐年增加，如果不能资源化利用农业废弃物，不仅会造成资源浪费，还会带来环境污染等生态问题，如焚烧秸秆产生大气污染、农药残留造成土壤污染、禽畜粪便引发水源污染等。

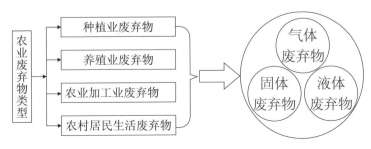

图1-1　农业废弃物类型

二 农作物秸秆

农作物秸秆是农业生产过程中产生的副产品,通常是指收获稻谷、小麦、玉米、油料等农作物籽粒(或可食用部分)后不能食用的茎、叶等残余部分(图1-2),其产量约占农作物生物产量的一半。农作物秸秆是一种可再生的生物质资源,蕴含丰富的氮、磷、钾等营养元素和有机质,储存着大量的生物质能,可作为饲料、肥料、燃料和工业、农业生产原料。因此,科学高效地利用农作物秸秆,不仅可以减少资源浪费,还可以改善农业农村环境,有利于推动农业绿色可持续发展。

图1-2 农作物秸秆

三 农作物秸秆利用现状及问题

我国是农业大国,也是世界第一大农作物秸秆生产国。据统计,我国现有19.2亿亩耕地,主要农作物包括粮食、油料、棉花、麻类和糖料五大类,农作物秸秆年产量约为9亿吨,其中以稻谷、小麦和玉米为主的粮食作物秸秆产量约占70%。我国的粮食生产具有明显的区域性特点,辽宁、吉林、黑龙江、内蒙古、河北、河南、湖北、湖南、山东、江苏、安徽、江西、四川13个粮食主产省(区)秸秆理论资源量占全国秸秆理论资源量的70%以上。

国家高度重视秸秆综合利用的科技研发工作,形成了秸秆栽培食用菌、压块燃料、生物柴油、饲料木质素降解等关键技术。农业部专门设立了"作物秸秆还田技术"等公益性行业科研项目,并在农业现代产业技术体系中专门设置了秸秆利用岗位科学家,对秸秆还田、离田等新问题、新需求进行技术研发和改造提升;科技部建立了农业面源和重金属污染农田综合防治与修复技术研发专项,对农业有机废弃物产生、转化、防控等开展研究。2020年,习近平总书记提出中国力争2030年前二氧化碳排放达到峰值(碳达峰),2060年前实现二氧化碳"零排放"(碳中和)。农业低碳发展也是实现中国碳达峰和碳中和目标的必由之路。在现代农业生产中,随着化肥、农药的大量使用,农田水利设施日趋完善,以及农业机械化程度不断提高,农作物秸秆产量大幅增加,给秸秆资源化利用带来机遇和挑战。

1. 农作物秸秆利用现状

安徽是我国粮食主产区之一,粮食播种面积将近1.1亿亩,以小麦、稻谷、玉米、油料、豆类、棉花和薯类种植为主。广大的种植面积和多样化的农作物导致秸秆资源丰富,每年主要农作物秸秆可收集量约为4900万吨(表1-1),且以粮食作物(稻谷、小麦、玉米)为主。传统的焚烧或弃置的秸秆处理方法与"绿水青山就是金山银山"的发展理念和实现双碳目标(碳达峰、碳中和)已不相适应。"推进秸秆综合利用和畜禽养殖废弃物资源化利用,是加强生态环境保护、发展现代农业、推动乡村振兴、促进农民增收的多赢之举。"

近年来,全省大力推进农作物秸秆资源化利用和产业化发展,政府出台了一系列的政策文件,形成了较为完善的政策体系。安徽省委、省政府高度重视秸秆资源化利用,把秸秆综合利用作为绿色发展的重要任务,成立由省政府分管负责同志为组长的工作领导小组,统筹推动任务

表1-1 安徽省主要农作物(稻谷、小麦、玉米、大豆等)秸秆可收集量(万吨)

年份	稻谷	小麦	玉米	油料	豆类	棉花	薯类	总计
2016	1507.2	1670.2	1235.7	293.1	131.9	12.3	17.8	4952.0
2017	1581.6	1679.3	1189.3	291.1	135.5	16.6	16.9	4968.8
2018	1614.0	1641.5	1160.0	285.1	138.4	26.4	13.9	4879.3
2019	1564.8	1692.0	1251.8	279.0	130.6	25.6	13.8	4899.0
2020	1498.1	1707.2	1291.7	287.6	125.8	33.1	14.6	4874.2
均值	1553.1	1678.0	1225.7	287.2	132.4	22.8	15.4	4914.7

注:数据来源于国家统计局。

落地、政策落地、奖惩落地;严格落实属地责任,建立健全市县层面组织领导和协调推进机制,加大政策扶持和兑现力度,加强项目跟踪服务。2018年,安徽省就包括秸秆综合利用在内的废弃物资源化利用,出台了"1+1+1"政策文件,主要包括"一个三年行动计划、一个考核办法和一系列支持政策",建立了"有组织、有规划、有政策、有考核"的工作推动机制,在全国率先形成了较为完备的推进秸秆综合利用政策体系。

安徽连续多年将秸秆综合利用工作写入省政府工作报告,在全国率先将秸秆综合利用纳入民生工程。各地区因地制宜,积极探索和发展农作物秸秆利用方式,在全省范围内建立了多个试点县和示范区,形成了具有布局合理、区域特色、多元利用等特点的秸秆利用和产业化发展模式。2016年以来,安徽23个县(市区)先后实施国家农作物秸秆综合利用试点项目,中央财政资金累计投入4.5亿元,探索整县推进秸秆综合利用模式。目前,全省秸秆产业化利用企业有2263个,其中利用量在千吨以上的企业600多个,秸秆电厂42座,总装机容量120万千瓦。2017—2018年,安徽建成6个省级秸秆综合利用现代环保产业园区,发挥了规模、集聚、示范带动效应。2020年,全省建成乡村秸秆标准化收储中心359处、秸秆固化成型燃料生产点190处、饲料化或基料化项目44处、秸秆发电项目21处、秸秆大中型沼气工程项目16处。经过多年努力,全省农作物秸秆综合利用率由2016年的83%提高至2021年的91%,产业化利用率在50%以上,秸秆综合利用产业年产值达293亿元(数据来源于中国秸秆网)。

农作物秸秆主要通过肥料化、饲料化、原料化、能源化和基料化利用实现资源化利用。

(1)肥料化利用

农作物秸秆是农业中很好的有机肥,含有丰富的氮、磷、钾等营养元素。秸秆肥料化利用是将秸秆中的养分返还于土壤中,补充土壤养分、有机质和微量元素,实现养分循环利用和改善土壤理化性质。研究表明,鲜秸秆中氮、磷、钾含量分别为4.8千克/吨、3.8千克/吨、16.7千克/吨,每吨秸秆还田等同于施用100千克标准肥,可为土壤增加约0.03%的有机质。

安徽省秸秆的肥料化利用目前主要是依靠还田,包括机械粉碎(图1-3)、腐熟和堆沤还田(图1-4)等方式。此外,采用特定的工艺技术利用秸秆生产有机肥,代替传统化肥,发展绿色农业是秸秆肥料化利用的另一重要方式。在秸秆肥料化利用的几种方式中,机械粉碎还田是肥料化利用的主要方式,也是秸秆综合利用中最主要和最便捷的方法。以安徽禾田公司为例,该项目经由"2018安徽秸秆综合利用产业博览会"签约落地,利用宿州市丰富的秸秆资源,炭化生产生物炭基肥料、土壤改良剂等高附加值产品,实现秸秆生物质资源的综合循环利用,年消纳秸秆达10万吨。安徽省秸秆资源化利用的调查表明,2018年全省秸秆肥料化利用量为2.8×10^4万吨,占可收集资源量的66.2%,其中秸秆直接还田占可收集资源总量的62.2%。

图1-3 秸秆粉碎还田

图1-4 秸秆腐熟和堆沤还田

（2）饲料化利用

玉米、小麦、水稻、花生和大豆等农作物秸秆富含纤维素和木质素等多种有机成分，是秸秆饲料化利用的主要原料（图1-5），而未处理的秸秆营养价值较低。研究表明，玉米秸秆含有超过30%的碳水化合物，较少的蛋白质（2%~4%）和脂肪（0.5%~1%），草食动物每消耗2千克玉米秸秆，增重等同于1千克玉米，而秸秆在经过处理转为优质饲料后效益更为可观。

图1-5 秸秆的饲料化利用

目前,秸秆饲料化利用方式,主要包括青(黄)贮、碱化/氨化、压块制饲料等,其作用是将秸秆中的各类纤维素等转化为优质饲料,提高其利用效率。以阜南县为例,阜南县通过秋实草业、规模养殖场,把秸秆用于肉牛、山羊等食草动物养殖,2018年利用秸秆12万吨。安徽省秸秆资源化利用的调查表明,2018年全省秸秆饲料化利用量为450万吨,占秸秆综合利用总量的10.8%。

(3)能源化利用

农作物秸秆中含有大量的碳,具有一定的燃烧价值(图1-6),其中水稻、小麦和玉米秸秆中碳的含量在40%以上。有关资料表明,水稻、玉米秸秆热值分别为13.5兆焦/千克、15.7兆焦/千克,其他作物秸秆热值约相当于标准煤的一半。除燃烧外,农作物秸秆还可以制沼气。每千克秸秆可产生沼气约2立方米,而3~5立方米沼气即可满足一户人家一天的燃料需求。

图1-6 秸秆的能源化利用

秸秆能源化利用方式有固化成型、制沼气、热解气化、燃烧发电、生产乙醇等,且以秸秆固化成型、制沼气和直燃发电为主。位于安徽省定远县的光大生物质电厂,主要利用农作物秸秆等生物质发电,年处理秸秆能力约30万吨,带动从事秸秆收、储、运、加工的农民作业人员千余

人。安徽省秸秆资源化利用的调查表明,2018年全省秸秆能源化利用量为760万吨,占秸秆综合利用总量的18.1%。

(4)原料化利用

农作物秸秆的成分和特点使其成为轻工、建材和纺织原料(图1-7),能够部分代替砖和木材等建筑材料。秸秆作为原料在安徽省主要利用方式有秸秆人造板、秸秆保温砖、秸秆木塑、秸秆纤维等。在政策推动下,中信格义循环经济有限公司、安徽上元新型家居材料有限公司、安徽创新秸秆利用有限公司等一批秸秆原料化利用创新企业陆续崭露头角,推动秸秆原料化产业的发展。位于安徽省宿州市的盛林环保科技有限公司,主要经营植物纤维制品,年消纳秸秆5万吨,其中以秸秆为原料的草浆餐具在2017年成功打入欧美市场。安徽省秸秆资源化利用的调查表明,2018 年全省秸秆工业原料化利用量为120万吨,占秸秆综合利用总量的2.9%。

图1-7 秸秆的原料化利用

(5)基料化利用

农作物秸秆基料化利用主要有栽培食用菌或其他作物(图1-8)。农作物秸秆粉碎后,经特定处理,制成食用菌棒或农作物育苗基质、花木基质、草坪基质等,秸秆中丰富的营养成分可为食用菌等作物提供养分。

图1-8　秸秆基料化利用(作为养殖蚯蚓和种植蘑菇的基料)

安徽省农作物秸秆基料化生产食用菌已具有一定的规模。全省食用菌类养殖高达13万亩,年产量达160万吨,利用秸秆超50万吨。安徽省秸秆资源化利用的调查表明,2018年全省秸秆基料化利用量为760万吨,占秸秆综合利用总量的25.8%。

(6)我国秸秆利用方式占比

2020年,我国秸秆综合利用率为90%,其中肥料化占51.2%,饲料化占20.2%,燃料化占13.8%,基料化占2.4%,原料化仅占2.5%,仍有10%左右的秸秆废弃(图1-9)。

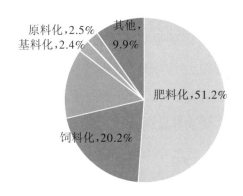

图1-9　2020年我国秸秆利用方式占比

2.农作物秸秆利用存在的问题

近年来,在政府强力推动和政策的引导下,秸秆综合利用产业得到

快速发展,但仍存在秸秆综合利用不充分、利用结构不合理、产业化程度低等问题,主要有:

(1)农业生产者对农作物秸秆价值认识不足

部分农民受教育程度不高,对农作物秸秆的价值和综合利用技术认识不足,生态环保理念不强,各地政府虽然出台了一系列秸秆利用和经济补贴政策,但相当一部分农民没有积极响应。此外,一些农户坚信焚烧秸秆可向土壤补充钾肥,加之收割秸秆效益与劳动力成本不成比例,导致焚烧秸秆、丢弃秸秆(图1-10)现象难以杜绝。

图1-10　作物秸秆焚烧和随意堆放

秸秆的不合理处置可导致多方面的危害。首先,引起农业面源污染:农作物秸秆若是没有得到很好的处置,而是随意堆放在田边或河道附近,秸秆在腐解过程中会产生碳、氮、磷等元素,经降雨径流携带,进入水体,将加剧水体富营养化(图1-11),同时浪费了秸秆中的碳、氮、磷等营养元素。其次,秸秆焚烧导致的危害(图1-12):①污染空气环境,危害人体健康。焚烧秸秆时,大气中二氧化硫、二氧化氮、可吸入颗粒物三项污染指数达到高峰值,能引起人们身体不适,诱发甚至加重呼吸道疾病。②引发火灾,威胁群众的生命财产安全。秸秆焚烧极易引燃周围的易燃物,尤其在村庄附近,一旦引发火灾,后果不堪设想。③引发交通事故,影响道路交通和航空安全。露天焚烧秸秆带来的一个最突出的问题就是焚烧过程中产生滚滚浓烟,导致大气的透明度下降,造成各种交通工具运行中的视程障碍,直接影响民航、铁路、高速公路的正常通行,对交通安全构成潜在威胁,增加了交通事故率。④破坏土壤结构,造成耕地质量下降。农田焚烧秸秆会使地面温度急剧升高,从而烧死、烫死土壤中的有益微生物,使土壤的自然肥力和保水性能大大下降,直接影响农田作物的产量和质量,降低农业收益。

 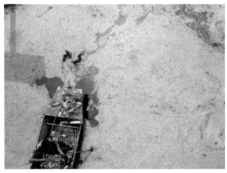

图1-11 水体富营养化

图1-12 秸秆处置不当导致的空气污染和土壤质量下降

(2)秸秆机械粉碎还田系统不够完善

农作物秸秆具有分布分散、密度低、季节性强等特点,加上收储运成本高、收获茬口期短等原因造成秸秆离田困难。而秸秆产业化综合利用企业普遍存在规模较小、资金投入有限、关键技术含量不高等问题,导致

大部分的秸秆产业化综合利用企业对秸秆的消化能力有限。因此,秸秆机械粉碎还田作为最简单、易操作的秸秆利用技术被广泛应用。

目前,我国已形成了稻-麦、麦-玉、稻-油等种植制度下的秸秆机械粉碎还田技术体系,但部分地区秸秆机械粉碎还田仍存在操作粗放、机械设备不完善等问题,导致秸秆还田仅位于耕地表面,且秸秆分解速度缓慢,影响下一茬农作物的播种,以及农艺措施的实施,如覆膜等。秸秆还田量并不是越多越好。有研究表明,适宜微生物活动的碳氮比一般为(25~30):1,而农作物秸秆碳氮比为(65~85):1,导致在秸秆还田初期,微生物与农作物争夺氮素,造成幼苗因供氮不足而生长缓慢,进而影响农作物产量。此外,秸秆直接还田虽然可以增加土壤有机质,改善土壤性状,减轻农民秸秆离田负担,但农作物秸秆上往往附着病菌、虫卵等微生物,秸秆直接还田也会导致这些微生物进入土壤,导致杀虫剂、除草剂等农药用量增加,而且如果秸秆还田过多、分布不均、深翻不够,会导致其分解腐熟慢,影响下季作物发芽和生根。

(3)企业带动力不够,关键技术相对薄弱

当前,秸秆综合利用产业发展较快,秸秆利用方式多样化,但产业基础仍较为薄弱,多数企业规模较小,龙头企业数量较少。此外,秸秆利用的产业链尚不完整,没有形成规模和集聚效应,如规模生产育苗基质、栽培基质的秸秆用量还不大,以秸秆为原料的加工也仅仅停留在编织品上。此外,秸秆离田收集的经济性不高,农民缺乏积极性,盈利空间有限,上下游产业链延伸受限,市场机制尚不完善等,导致产业发展动力不强。

对秸秆综合利用技术的研究不足,部分秸秆利用新型技术尚不成熟或仍处于研发阶段,秸秆综合利用的一些关键技术较为薄弱,技术成本较高,产业化效益低,所以秸秆综合利用仍处于小规模。秸秆综合利用生产的产品的附加值较低,基础设施建设跟不上,离田利用能力差。秸秆能源化利用较少。曾经在国家政策的扶持下,各地修建了农村沼气池,但随着农村劳动力外流,秸秆作为沼气原料用量越来越少,加之沼气生产工序复杂、产气量低,以及电磁炉、液化气、太阳能热水器等的广泛应用,沼气池已转变为农村户厕用化粪池。而秸秆固化成型燃料、秸秆热解气化、直燃发电和秸秆干馏等应用技术还有待发展。

(4)秸秆收储运体系不完善

秸秆具有量大、蓬松和季节性强等特点,秸秆收割和播种的间隔时间较短,秸秆收割、捡拾、打捆设备不配套或缺乏等一系列原因,导致秸秆收集效率低、难度大、成本高,造成秸秆收储处于微利或亏损的状态。目前,部分地区秸秆收储运体系主要依靠龙头企业和种粮大户,秸秆收储运体系尚不完善,秸秆离田机械化关键技术水平整体上较为落后,导致机械装备不足,一定程度上制约了秸秆离田、收储运体系的建设,成为农作物秸秆综合利用发展产业化的主要瓶颈。

(5)秸秆综合利用扶持政策有待完善

虽然制定了秸秆综合利用的一些优惠政策,但扶持力度、覆盖面仍然不足,具体工作中落实不到位,加之相关的配套措施并不健全,难以通过政策形成合力。目前,秸秆直接还田和秸秆直燃发电仍是秸秆综合利用奖补资金重点支持方向,其他方向资金支持不足,影响了秸秆利用主体的积极性,成为秸秆综合利用产业化发展的制约因素之一。

在秸秆直接还田方面,虽然国家实施了购机补贴,农田作业机械拥有量得到大幅度提高,秸秆综合利用取得了一定成效,但是种植业产出效益低,秸秆还田利用增加了农民农业生产成本,而国家缺少相应的补贴政策,导致部分农户不接纳秸秆机械粉碎还田,从而弱化了秸秆处理能力。

第二节　农作物秸秆的资源化利用前景

一　我国主要粮食作物秸秆资源量及分布

　　2015—2017年我国主要粮食作物秸秆年均产量为80212万吨,其中水稻、小麦和玉米秸秆年产量分别为23212万吨、17083万吨和39918万吨,产量最大的是玉米秸秆,占三大粮食作物秸秆总产量的49.8%,然后是水稻秸秆和小麦秸秆,所占比例分别为28.9%和21.3%。从我国不同省份的作物秸秆年产量来看(表1-2),水稻秸秆主要分布在湖南、江西、江苏、黑龙江、湖北和安徽,各省份的水稻秸秆产量分别占全国水稻秸秆总资源量的14.7%、11.3%、10.6%、10.1%、10.0%和8.3%;小麦秸秆主要分布在河南、山东、安徽、河北和江苏,各省份的小麦秸秆产量分别占全国小麦秸秆总产量的27.9%、18.8%、12.0%、11.4%和9.7%;玉米秸秆主要分布在黑龙江、吉林、内蒙古、山东、河南、河北和辽宁,各省份的玉米秸秆产量分别占全国玉米秸秆总资源量的16.1%、13.8%、10.0%、9.8%、8.3%、7.9%和7.2%。三大粮食作物秸秆总产量位于全国前列的省份有黑龙江(8784万吨)、河南(8577万吨)、山东(7119万吨)、吉林(6148万吨)、河北(5101万吨)、安徽(5039万吨)、江苏(4665万吨)和内蒙古(4203万吨),这些省份的主要粮食作物秸秆总产量占全国总量的61.9%。从我国不同农区的作物秸秆资源量来看,水稻秸秆主要分布于长江中下游农区,占全国水稻秸秆总产量的57.9%,其次为东北(14.8%)、西南(13.3%)和南方农区(12.0%)(图1-13)。小麦秸秆主要分布于华北农区,所占比例为61.5%,长江中下游、西北和西南农区的小麦秸秆资源量分别占全国小麦秸秆资源总量的 25.1%、10.0% 和 3.4%。玉米秸秆主要分布于华北和东北农区，所占比例分别为 39.9% 和 37.2%。水稻、小麦和玉米秸秆总产量居于全国前列的为华北、长江中下游和东北农区，各农区的三大粮食作物秸秆总产量分别为 26922 万吨、20405 万吨和 18265 万吨，占全国总量的 33.6%、25.4% 和 22.8%。

表1-2 我国不同省份水稻、小麦和玉米秸秆产量

农区	省份	秸秆产量(10^4吨)		
		水稻	小麦	玉米
东北	辽宁	444±31	—	2888±385
	吉林	637±26	—	5511±464
	黑龙江	2352±333	—	6432±553
华北	河北	—	1953±54	3148±331
	山西	—	347±31	1574±104
	内蒙古	—	231±21	3972±317
	山东	—	3210±116	3909±604
	河南	483±28	4767±173	3327±381
长江中下游	江苏	2465±39	1651±124	550±91
	浙江	690±105	—	—
	安徽	1924±164	2043±197	1072±160
	江西	2631±79	—	—
西北	陕西	—	537±33	831±6
	甘肃	—	336±9	869±14
	宁夏	—	—	333±10
	新疆	—	834±71	1096±70
西南	重庆	501±13	—	334±8
	四川	1528±47	477±128	1130±216
	贵州	432±16	—	469±87
	云南	620±79	111±12	1039±120
南方	福建	477±53	—	—
	广东	1138±25	—	—
	广西	1164±72	—	366±6

注：表中数据为平均值±标准差。

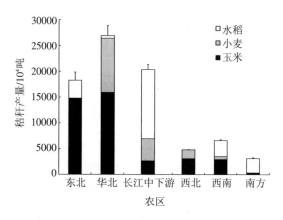

图1-13 我国不同农区水稻、小麦和玉米秸秆产量

二 农作物秸秆综合利用前景

有机废弃物是放错地方的资源,农业废弃物已成为中国最大的污染源和潜在资源库。秸秆资源是重要的可再生资源,富含热能和碳、氮、磷、钾、微量元素等营养成分,具有广泛的应用价值。相比其他废弃物,例如厨余垃圾、排泄物、废塑料等,秸秆的分布更加集中,涉及商务对象更少,有助于保持供应的稳定性。我国秸秆资源丰富,可收集资源量占比较高,或成为生物制造的主要原料。我国秸秆产量近10年来稳定在每年8亿吨,秸秆可收集资源量占每年秸秆产生量的84%左右,也就是说每年有近7亿吨的秸秆可以作为原料进行大规模工业生产,如果将秸秆转化成高值化产品,有望替代玉米作为合成生物学原料的主要来源。全球在秸秆利用上都较为粗犷,原料化率不高,产品附加值较低。在欧美等发达国家以及中国,玉米秸秆一部分(主要是根部)用于肥料化处理,根部以上部分用于制作饲料或直接焚烧。因此,根据各种秸秆特性,分别进行饲料化、肥料化、燃料化、基料化和原料化,发挥秸秆资源的最大利用潜能,具有很好的产业化前景。同时,我国秸秆的综合利用率为90%,需要将另外10%左右的废弃秸秆综合利用起来,这些也具有广阔的市场

前景。目前,在国家利好政策引导下,秸秆综合利用得到快速发展。秸秆废弃物资源化利用不但能大大减少碳排放和氮磷排放,对实现我国碳达峰和碳中和目标(图1-14),以及减少氮磷流失、防治污染水体,具有重要意义,而且能新增巨大社会财富。

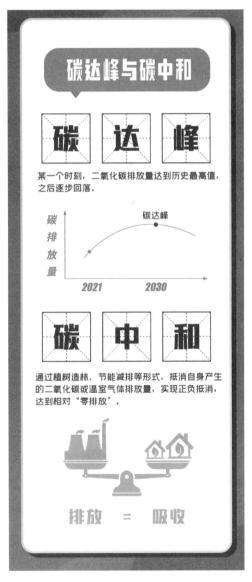

图1-14　中国碳达峰和碳中和目标

第二章 农作物秸秆综合利用的指导思想和发展目标

▶ 第一节 指导思想

农作物秸秆是农田生态系统中的主要副产品,是农田生态系统中一种可直接利用的有机物料。我国传统农业由于机具使用以及自然条件的限制,十分注重农业内部以及外部物质的循环转化,常用秸秆、泥沙、草木灰、畜禽粪便等进行农田肥力改造。但随着现代社会的不断发展,电气普及以及畜禽集约化经营逐渐取代了秸秆的直接作用。大多数秸秆被直接燃烧或是丢弃,造成了秸秆污染和资源浪费。为了应对当前社会人均资源短缺和环境污染的局面,需要切实认识到秸秆综合利用的重要性。而如何正确处理农田秸秆资源,提高秸秆综合利用效率则成为农业发展的重中之重。

开展秸秆综合利用工作,是提升耕地质量、改善农业农村环境、实现农业高质量发展的重要举措。为深入贯彻习近平总书记系列重要讲话精神,贯彻落实中央优先发展农业农村、全面推进乡村振兴的战略部署,近年来为防治大气污染、发展循环农业,各地政府制定相关行动方案,有序推进秸秆综合利用工作,取得了一定成效。但仍要细化秸秆综合利用方式、途径,明确指导思想,进一步强化落实。

一 我国传统农业的哲学思想

1.注重天、地、人和谐统一

人与自然和谐统一是道家主要思想,在农业上则强调顺应自然,敬畏自然,遵循自然规律,从而更好地为人类生存而服务。其中"天、地"主要指农作物生长的自然环境,农业的良性循环生产则是环境要素与人的和谐统一。古时,人们常常通过观天象,察地势,辨时节,以求丰耕。

2.因地制宜,因时制宜,因物制宜

我国地域辽阔,受地理以及气候因素影响,区域之间的资源质量相差悬殊,利用方式也存在巨大差异。春秋战国时期相关著作表明了当时对土壤类型已有初步的认识,强调农业生产需要"土宜",使作物"各有所归";元代农学家王祯曾论述不同区域土壤的形成原因且指出各个作物适宜生长的土质条件,并总结作物的种植原则。

二 秸秆利用的思想基础

1.贯彻生态文明理念,坚持绿色发展

我国秸秆资源占全世界的20%,总量居世界秸秆资源之首,但据统计,全国约有23%的农作物秸秆被直接燃烧,造成了严重的环境污染,威胁了人畜健康。中国传统的"天人合一"思想在新时代的背景下,引导我们在生态科学的指导下,充分利用自然规律,大力发展绿色科技,以提高社会发展进程。为了保证农业农村生态环境的改善和农业绿色低碳发展,农作物秸秆综合利用必须贯彻生态文明理念,坚持无害化生产,降低综合利用所带来的一系列环境问题,走绿色发展之路。

2.坚持保育优先,惠及民生

秸秆作为田间覆盖物,可以保水保肥、减少杂草生长。同时秸秆中

富含氮、磷、钾等元素,直接还田腐解有利于提高土壤有机质含量,改善土壤质地,提高作物产量。同时,对秸秆综合回收利用,如乡镇与秸秆收储企业合作,将小麦秸秆打捆离田,既能有效缓解禁烧压力,解决农民秸秆处理难的问题,又能成功地将秸秆变废为宝制成饲料,促进农作物秸秆资源高效循环利用,提高农民收入。为了切实有效地惠及农民,营造良好社会氛围,充分调动广大农民的积极性,政府以及相关单位需做好以下相关工作:

(1)认真落实相关扶持政策,建立考核机制

各级政府加大资金投入,落实秸秆产业化利用奖补政策,调动农户积极性;组织开展项目资金专项督查、审计或绩效评价,切实强化农作物秸秆综合利用提升工程相关奖补资金监管,提高资金使用效率。

(2)加大支持和管理力度,各部门协调配合

农作物秸秆综合利用工作涉及广、难度大,各级部门要在当地政府的领导下,明确职责,密切协作,将秸秆禁烧工作层层分解,具体落实到每一位农户,以期实现秸秆禁烧零火点目标。同时,齐抓共管,配合环境保护部门做好执法监督工作。

(3)加强总结交流,提升工作水平

每月定期汇总各地项目进展情况,每季度梳理工作,形成工作总结并开展秸秆综合利用工作交流会,总结秸秆综合利用提升工程工作成效和存在的问题,交流工作经验,推动秸秆综合利用产业高质量发展。

(4)加强宣传,培养农民秸秆资源化利用的意识

提高群众的环保意识是实现秸秆综合利用与禁烧工作的关键。充分发挥新闻媒体的舆论导向与监督作用,使农户转变观念。用实际效果引导、让农户逐渐认识到秸秆对生产效益的重大作用,使秸秆利用由"被动"真正转向"自觉",成为农业产业化的重要组成。

总之,推进秸秆综合利用对于保护环境、改善居民生活、振兴乡村产业均具有重要的现实意义,体现了社会、经济以及生态效益三合一。

三 当前秸秆利用的指导思想

以习近平新时代中国特色社会主义思想为指导,全面贯彻党的二十大,十九大,十九届二中、三中、四中、五中全会精神,深入贯彻习近平总书记系列重要讲话精神,贯彻落实中央优先发展农业农村、全面推进乡村振兴战略部署。按照各级党政部门工作要求,以农作物秸秆综合利用为改善农村环境的着力点、提高农民收入的增长点、培育农业产业的支撑点;发挥好生物质能源作为唯一"零碳"燃料优势,助力实现2030年前碳达峰、2060年前碳中和目标。

▶ 第二节　基本原则

中国作为农业生产大国,每年累积的秸秆资源不可小觑。秸秆污染带给自然界和人类社会的危害是多样的,防治秸秆污染的根本途径在于提高秸秆综合利用能力。为贯彻落实中央一号文件"支持秸秆综合利用"等部署要求,各级政府应探索和鼓励推进秸秆和畜禽养殖废弃物资源化利用和产业化发展,通过培育秸秆产业捡回"另一半的农业"。其中,农作物秸秆综合利用需要遵循以下原则(图2-1)。

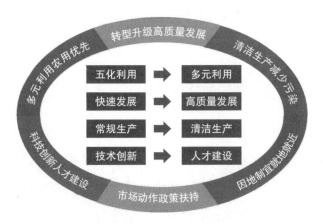

图2-1 农作物秸秆综合利用的基本原则

一 多元利用和农用优先

近几年,全国农业部门积极探索秸秆利用方式,常规应用如"压块制粒""生物腐熟""秸秆气化""培育食用菌""制造工业原料"等利用技术。部分产业通过三级分离技术,能够有效地将作物秸秆广泛应用于绿地修复、城市环境美化和有机作物培育。由于农业系统的复杂性和整体性,秸秆资源利用需要统筹规划、合理分配,坚持农用为主推进秸秆综合利用。农田是农业发展的物质基础,在秸秆多元利用的过程中,必须保障一定数量秸秆还田,保持土壤肥力,维持农业生态系统的平衡稳定,进而实现可持续发展。

二 坚持转型升级与高质量发展

当前三农工作重心已历史性转向全面推进乡村振兴,对秸秆综合利用提出了更高要求。推进秸秆综合利用是抓好农业生产、保障粮食安全的重大举措,是提升耕地质量、落实藏粮于地战略的重要抓手,是培育新业态新动能、提升乡村产业振兴的重要手段。由于农业系统的复杂性和整体性,对于秸秆资源的利用需要统筹规划,合理分配。调整优化秸秆综合利用结构,拓宽秸秆综合利用渠道,提高秸秆转化效益,实现秸秆资源多途径、多层级、高附加值利用。同时也要积极培育以农作物秸秆资源利用为基础的现代环保产业,深入推进农业供给侧结构性改革,实现秸秆利用转型和高质量发展。

三 坚持清洁生产和减少污染

当前一些电厂通过提高各类农林废弃物在燃料中的比重,努力推进秸秆现代环保产业发展;部分企业以秸秆和锯末为主要原料生产出的生物颗粒燃料燃烧充分,粉尘少,无硫化物,比煤更加健康环保。整体上高温堆肥、饲料加工等初级利用使得秸秆产业规模化、工业化。当前我国秸秆燃料化利用迅速形成规模,但据统计大部分秸秆成型燃料生产和利用企业的规模普遍较小、技术水平总体较低,运营过程中粉尘等污染物排放较大,造成严重的空气污染。因而需要不断改善秸秆综合利用技术,细化任务分解,实化工作举措,明确相关层级生产中的标准与原则,减少污染物排放,降低能耗以及提高秸秆资源的利用效率,早日达到无害化生产水平,减少农业面源污染,实现生态效益与经济效益相协调。

四 坚持因地制宜和就地就近

各地区要结合实际情况,选择推广适合本地域特点的秸秆综合利用技术,加快推进秸秆综合利用工作,有效遏制秸秆违规焚烧。如黄淮海地区是我国主要粮食生产区,麦玉和稻麦轮作制是该地区的主要种植方式。但由于6—8月份该地区气温较高,雨水充足,局部会发生涝害,"三夏"时期秸秆还田需要进行秸秆粉碎处理并做好秸秆还田后茬作物种植,注意适当地翻压覆盖,固定秸秆。此外,在实际生产应用中,需要根

据本地农业种植制度,形成适合本地的秸秆深翻还田、免耕还田、堆沤还田等技术规程,研发推广秸秆青黄贮饲料、打捆直燃、成型燃料生产等领域新技术。进行优化利用时也要善于把握当地秸秆资源利用的缺陷,精准定位找出问题并且及时对症下药,坚持堵疏结合,从而因地制宜推进秸秆肥料化、饲料化、能源化、基料化和原料化利用等,形成以不同秸秆资源转化途径为特点、产业错位发展的秸秆综合利用空间布局,进而提高该地区秸秆利用效率。

五 坚持市场运作和政策扶持

优先支持秸秆资源量大、禁烧任务重和综合利用潜力大的区域,整县推进。如黑龙江、江苏、安徽、山东等省,通过开展秸秆综合利用试点,进行集中推进,切实做到技术措施有用、工作措施有效、管理措施有力、持续运行有保障。强化责任落实,把秸秆综合利用工作列入年度重要议事日程,加强组织推动,以300个全国秸秆综合利用重点县为引领,推动年度任务落实落地。对部分重点县建设万亩以上的集中连片示范区,综合采用秸秆还田、增施有机肥、种植绿肥作物、治理退化耕地等措施,保护和提升耕地质量。此外,还要通过市场的逻辑和资本的力量,围绕秸秆利用的多层次,用产业政策、价格政策、金融政策等,加快推进秸秆综合利用产业结构优化和提质增效。在此过程中,要充分推动市场化主体,如农民、社会化服务组织和相关企业,通过政府的相关政策引导扶持各个群体,调动全社会参与积极性,打通利益链,形成产业链,实现多方共赢。强化政策支持,持续加强财政投入保障力度,抓好现有财税、用地、用电等优惠政策的落实,完善以绿色生态为导向的补偿政策。

六 坚持科技创新和人才建设

对于秸秆高效利用,要充分依托国家现代农业产业技术体系和基层农技推广体系等技术力量,组建本省秸秆综合利用技术专家组。当前各省农业农村部门以习近平新时代中国特色社会主义思想为指导,大力培育秸秆收储运服务主体,构建县域全覆盖的秸秆收储和供应网络,促进当地秸秆利用产业。鉴于各个区域耕地质量和秸秆综合利用措施有所差异,秸秆离田利用瓶颈普遍存在。着力解决秸秆综合利用的技术瓶颈,关键在于研发一批具有自主知识产权的秸秆综合利用新技术、新工艺、新装备,培养一批秸秆综合利用新人才、新队伍、新体系。

▶ 第三节　发展目标

随着我国农业工业化的不断前进,农业工业化生产带给资源的负荷也不断加大,生态系统退化越发显著,保障粮食安全的任务越发艰巨。需要认真查找秸秆综合利用方式存在的问题,不断调整,确定发展方向,果断应对,采取针对性措施。新时代新目标,当前我国秸秆资源综合利用水平不断提高,但仍需埋头苦干,进一步规划未来发展目标(图2-2),不断扫清产业发展中的障碍。

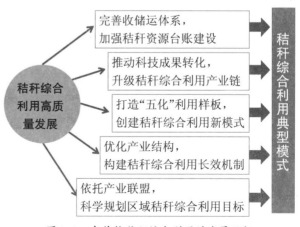

图2-2　农作物秸秆综合利用的发展目标

一 完善收储运体系,加强秸秆资源台账建设

随着秸秆利用体系的不断健全,全国标准化秸秆收储点、秸秆临时堆放转运点等数量不断上升,"1+X"的秸秆收储运体系初步形成。统筹布局全覆盖的秸秆收集转运体系,积极培育市场化的收储运销网络至关重要。现行秸秆打捆以小型打捆机为主,效率低,易抛撒,留秆多。改善秸秆收储模式,推广大机械,不仅效率高、抛撒少,而且对秋季作物的生长影响大大减少。同时,各省农业农村部门要建立科学的秸秆产生与利用情况调查标准和方法,摸清资源底数,掌握利用情况,按照分级审核负责制的原则,掌握农作物秸秆的产生量、还田量、离田利用量等基础数据,搭建国家、省、市、县四级秸秆资源数据平台,为各级政府制定秸秆综合利用政策、规划布局、产业发展等提供支撑。

二 推动科技成果转化,升级秸秆综合利用产业链

发展农作物秸秆收储、加工等多途径利用,成为农村发展集体经济和促进农民增收的好办法,而经济发展、社会进步离不开科技创新。一门秸秆综合利用技术是否成熟可靠、具有利用价值,要接受市场主体、企业家、投资者的检验。首先,企业需发挥创新主体作用,积极参与农业领域新技术、新模式、新产品、新业态的创新行动,拓展秸秆产业市场,提高抗风险能力。其次,组织或个人要参与科技创新、技术创新、模式创新、机制创新,提高秸秆利用工艺水平,进一步巩固秸秆禁烧成果,优化秸秆综合利用结构,提升秸秆综合利用产业化、规模化、科技化水平。加大市场主体培育力度,鼓励社会资本参与秸秆收储运,扶持壮大一批成长性好、带动力强的企业。

三 打造"五化"利用样板，创建秸秆综合利用新模式

在积极倡导秸秆禁烧、综合化利用之余，更重要的是要建立科学合理的秸秆再利用体系，充分利用网络资源，实现线上线下相结合的模式，举办秸秆综合利用产业博览会等，引进先进技术和企业，走出思维固化，打造地区特色利用模式，如"龙头企业+收储中心+农户"的秸秆综合利用模式，推动形成布局合理、产业链条完整、收益稳定的秸秆综合利用产业化格局。并推广可持续、可复制的秸秆综合利用技术路线、模式和机制，总结凝练相关技术的内涵、特点、操作要点、适用区域等，发布年度主推技术，扩大推广范围，放大示范效应，进而更好地惠及农民。强化典型引导，打造一批秸秆沃土、产业化利用、能源化利用、全量利用、与其他废弃物协同利用的样板，形成一批秸秆综合利用典型模式，示范带动全国秸秆综合利用工作深入推进。

四 优化产业结构，构建秸秆综合利用长效机制

强化科技引领，瞄准秸秆综合利用的卡点、堵点，组织开展联合攻关，形成全链条、全过程的科学技术解决方案。秸秆综合利用产业层次不断优化，科技含量逐渐提高，更多企业由以初级产品为主向精细化工产业发展，秸秆综合利用局势良好。但农作物秸秆综合利用需要持久发力，为经济建设提供能源，因而需要完善秸秆综合利用技术标准体系、产业技术体系、政策支持体系，构建由政府引导、企业为主体、农民参与的秸秆综合利用长效机制，实现经济发展和生态保护"双赢"。各秸秆利用重点县要加强组织推动，扎实推进各项工作落地落实。

（五）依托产业联盟，科学规划区域秸秆综合利用目标

秸秆综合利用产业联盟指资本、技术、模式、人才在联盟内高效叠加集聚，以助力产业发展和提档升级，对秸秆利用产业发展具有里程碑意义。推进秸秆资源综合利用工作是践行习近平生态文明思想的具体体现，而建立产业联盟是探索用市场逻辑、资本力量，整合优势资源，实现联合攻关，加强协同创新，做到互利共赢，促进秸秆产业发展和科技成果转化的重要途径。建立产业联盟，首先要找准联盟定位，整合各省内优质资源，联络上中下游会员优势，真正做到补链、强链、延链；其次要履行职责，从提出理念、探索机制到实现技术强化等方面都能有所突破；最后要推进工作入位，遵循市场化、法治化原则，以务实严谨的工作作风和扎实有效的工作举措加快推进联盟成立和成立后各项工作的开展。

第三章

农作物秸秆综合利用的主要领域

▶ 第一节　农作物秸秆的肥料化

　　农作物秸秆富含氮、磷、钾养分资源,因此肥料化利用也是农作物秸秆资源综合利用技术中应用最为广泛的一种方式。秸秆养分资源的肥料化利用能够补充和平衡土壤中的养分,增加土壤有机质含量,改善土壤团粒结构,提高土壤肥力,进而达到减少化肥用量及增加作物产量的目的。它主要包括直接还田、高温堆肥还田(图3-1)和炭化还田(图3-2)三种利用途径。

图3-1　秸秆高温堆肥还田

图3-2　秸秆炭化还田

一　秸秆直接还田技术

　　秸秆直接还田技术是通过机械将秸秆粉碎并抛洒在田间或耕翻掩埋,让秸秆在土壤表层或混合在土壤中腐解并释放养分,同时达到蓄水保墒、增加地表积温及土壤肥力的目的。秸秆直接还田方便快捷、高效低耗,因此应用最为普遍。

1.秸秆还田对作物、土壤、病虫草害等方面的影响

　　(1)对作物生长的影响

　　秸秆还田不利于整地和播种质量的提高,对作物出苗、立苗、全苗等苗期生长有一定影响;秸秆在腐解过程中固定土壤中的有效氮素,在后茬作物生长初期可能发生与土壤微生物和作物争夺氮素营养的情况,不利于作物苗期的生长发育。在水稻-小麦种植模式下,小麦秸秆全量还

田,遭遇夏季高温多雨,厌氧分解释放出大量低分子量有机酸、硫化物等,会抑制水稻根系的生长,延缓水稻的(机插)活棵立苗,抑制前期分蘖的形成,延缓叶龄进程,还会造成水体污染。

但长期秸秆还田后,随着耕层土壤肥力水平提高,保水、保墒作用加强,适耕期延长,作物增产效果明显。蒙城马店近40年长期定位试验表明,小麦-玉米(大豆)两熟制秸秆长期还田,比不还田增产6.3%~24.4%,降低产量年际变异系数10.1%~40.7%,长期秸秆还田有利于作物稳产。在水稻-小麦(油菜)耕作区,秸秆还田后的2~3年,单季作物和周年产量均存在减产现象。随着秸秆还田周期的延长,秸秆还田对水稻和小麦生长的促进作用渐趋明显,最终表现出增产效应,连续秸秆还田超过5年后,水稻、小麦和周年产量分别提高了13.3%、7.6%和11.6%。

(2)对土壤的影响

秸秆还田可明显改善土壤理化性状,提高耕层有机质和养分含量。自2008年开始,蒙城马店试验基地进行的小麦-玉米周年秸秆全量还田长期定位试验结果表明,秸秆还田可明显改善土壤物理性状,提高耕层有机质含量,尤其是活性有机质含量;连续还田4年后土壤容重降低2.5%~9.2%,有机质含量提高2.4%~10.6%,活性有机质增加9.1%~44.7%;秸秆还田配施氮肥可明显增加耕层土壤有机碳储量,增幅6.6%~14.8%。在白湖农场开展的连续4年稻-麦周年秸秆全量还田结果表明,土壤理化性状得到显著改善,土壤容重降低5.1%,有机质含量从28.7克/千克提高到30.5克/千克,全氮含量从1.46克/千克提高到1.55克/千克,有效磷含量从33.1毫克/千克提高到47.7毫克/千克,速效钾含量从100.9毫克/千克提高到203.7毫克/千克。

此外,自1982年开始的蒙城马店试验站近40年长期定位试验表明,秸秆长期还田能够提高土壤细菌和真菌的丰度,有利于土壤的生物多样

性,降低植物潜在致病真菌的比例,以及铜、铅等重金属和抗生素污染风险,同时降低了土壤磷素迁移引起的环境污染风险。

(3)对作物病虫草害的影响

秸秆还田会造成病原菌和虫卵随秸秆在土壤中积累,且因为保温、保墒而加速病虫繁殖,进而加重病害尤其是土传病害的发生。在小麦-玉米种植模式下,与秸秆不还田相比,秸秆还田小麦的赤霉病病穗率、病情指数分别由6.9%、5.2%提高到7.6%、5.8%,玉米苗期田间杂草数量增加302.9%,病虫害株数增加50.9%。在水稻-小麦种植模式下,小麦赤霉病、纹枯病和白粉病的发病率和病情指数,分别是不还田的3.9倍、5.0倍和1.2倍。

(4)秸秆还田技术在农业生产中面临的主要问题

秸秆还田技术需要进一步完善。一是秸秆还田作业规范性技术薄弱,需要进行细化和标准化。二是秸秆还田的机具适配、农机农艺融合等问题有待逐步优化、完善。三是在秸秆还田下,后茬作物病虫草害发生危害规律不够明确,防控技术还不够配套。

秸秆还田技术执行不到位。在秸秆还田过程中,由于农机具不配套或作业技术不到位,往往导致秸秆粉碎抛撒不均匀、抛撒后成条成团等问题,造成耕层土壤不实、悬空、播种深浅不一、土壤失墒过快,出现"海绵土""黄化苗"等现象,影响后茬作物立苗和高产群体构建。

2.江淮中部"稻-麦"轮作区秸秆机械化还田技术

(1)小麦秸秆机械化翻压还田

①小麦秸秆粉碎:采用配套秸秆粉碎功能的小麦收割机进行机械化采收的同时对小麦秸秆进行粉碎作业,要求秸秆粉碎后长度小于10厘米,并将粉碎后的秸秆抛撒均匀,避免密集成堆,小麦留茬高度一般要求低于15厘米。

②施用基肥：由于秸秆还田后在土壤中的腐解过程需要吸收氮素营养，为避免与后茬作物争夺氮素养分吸收，后茬水稻每亩基肥用量可增加5千克尿素，调节碳氮比，以促进秸秆腐烂分解。

③机械旋耕：采用旱耕水整方式的，在正常土壤墒情条件下，使用65马力以上拖拉机配置相应幅宽的旋耕机或反旋灭茬旋耕机进行旱耕深旋作业，旋耕深度一般为12～15厘米，也可选用犁旋一体复式机作业，犁耕深度16～20厘米，在秸秆旋埋作业完成后立即上水浸泡小麦秸秆，浅水泡田1～3天，进行起浆平整作业，再沉实1～3天后种植水稻。采用水耕水整方式的，可先上浅水泡田1～3天，水面深度3～5厘米，之后使用65马力以上拖拉机配置水田埋茬耕整机进行水整小麦秸秆还田作业，作业深度≥12厘米，待平整沉实1～3天后种植水稻。小麦秸秆旋耕埋茬整地后，要求做到田块平整无杂物，大田高低差小于3厘米；上细下粗，上烂下实，不陷机，不壅泥；耕整后田块必须适度沉实，达到泥水分清，沉淀不板结，水清不浑浊。

④机械插秧：水稻移栽前，田面保持一定水层浸泡秸秆4～10天（季节允许可适当延长），使田面水层自然落干或保持1～2厘米水层，利于有害气体释放。选择适宜插秧机，根据水稻品种、种植时间等，相应调节株距，力争机插时穴苗数均匀，栽插浅，靠行准确，田块漏插率低，确保种植密度。栽后及时灌浅水护苗活棵，栽后2～7天间歇灌溉，适当晾田，扎根立苗。

(2)水稻秸秆机械化翻压还田

①水稻秸秆粉碎：水稻收割时选用配备秸秆切碎、抛洒装置的联合收割机完成秸秆的粉碎、抛洒。秸秆粉碎作业质量要求：秸秆留茬高度≤15厘米，切碎长度≤10厘米，秸秆粉碎长度及留茬高度不合格率≤10%，水稻秸秆均匀地平铺在地表。

②旋耕翻压和施用基肥：可选用75马力以上拖拉机，配置撒肥机施用基肥，基于秸秆还田腐解规律和养分释放特征，做到氮肥适量前移，即将70%左右的氮作为基肥施用。配置反转灭茬旋耕机，或铧式犁，或犁旋一体复式机进行水稻秸秆还田作业，配置播种、开沟机具，进行小麦播种、镇压和开沟，优选带旋耕灭茬、开沟起垄、施肥播种等多种功能的一体机进行全过程一次性作业，以节约成本。

③小麦播种：根据播种期温度、墒情、秸秆还田整地质量等影响因素适当调节播种量，有条件的可以同时进行机械化播种镇压操作，未带镇压装置或镇压不实的田块需要在小麦播种后及时镇压，确保小麦发芽后根部与土壤密切接触，培育壮苗。

3. 淮北"麦－玉"轮作区秸秆机械化还田技术

(1)小麦秸秆机械化翻压还田

①小麦秸秆覆盖还田。使用联合收割机自带的秸秆切碎装置或与联合收割机配套的秸秆粉碎机在收获小麦的同时粉碎秸秆。小麦秸秆粉（切）碎长度≤10厘米，留茬高度≤15厘米，铺撒均匀。

②小麦收获后，选择施肥播种一体作业机械，实行玉米免耕贴茬直播。播种行距60厘米，覆土镇压严实。玉米免耕播种后使用喷雾器喷洒除草剂，以防草害。

(2)玉米秸秆机械化翻压还田

①选用带有粉碎抛撒装置的联合收割机或秸秆粉碎还田机。秸秆留茬高度≤10厘米，切碎长度≤5厘米，秸秆粉碎长度及留茬高度不合格率≤10%，抛撒不均匀率≤20%。机械在地头拐弯时易造成秸秆聚堆，整地前要均匀散开。

②在秸秆覆盖后，趁秸秆青绿（最适宜含水量30%以上），在雨后或空气湿度较大时，按2～5千克/亩施用秸秆腐熟剂，将腐熟剂和适量潮湿的

细砂土混匀,再加5千克尿素混拌后,均匀地撒在秸秆上。

③施肥作业后,可采用深旋耕、深耕翻压或隔两年深翻一次的轮耕方式对玉米秸秆还田进行整地;小麦播种后要及时镇压。

玉米秸秆深旋耕还田:秸秆粉碎抛撒后,进行深旋耕1~2遍,旋耕深度15~18厘米,使秸秆均匀地分布在表层土壤中;深旋耕后及时镇压,有利于小麦播种深度一致,确保苗齐苗壮。

玉米秸秆深耕翻压还田:秸秆粉碎抛撒后,进行翻地、耙地等作业,耕深要求25厘米以上,使秸秆完全被掩埋在耕层中;深耕后及时耙实镇压,达到地平土碎,有利于秸秆腐解和小麦出苗、生长。

玉米秸秆轮耕还田:秸秆粉碎抛撒后,以3年为一周期,第1年采用深耕翻压还田方式,耕深25厘米以上;第2年和第3年采用旋耕还田方式,耕深15厘米左右。采用轮耕还田方式在确保秸秆还田质量前提下,可有效降低机械作业成本和能耗。

④整地后如土壤墒情不好,须浇足底墒水再播种,为小麦出苗提供充足的水分,塌实土壤,保墒防寒,利于秸秆腐解。在冬小麦生长季重点关注返青期、拔节孕穗期、灌浆期等关键生育期的土壤墒情,根据实际情况进行灌溉,建议冬前灌水,利于小麦安全越冬。

二 秸秆堆肥制成有机肥还田

1.秸秆高温堆肥技术原理

堆肥是指以秸秆、畜禽粪便等农业有机废弃物为原料,经过微生物发酵转化为有机肥的过程,是秸秆养分资源肥料化利用的有效途径之一。根据堆肥过程中微生物对氧气的需求状况,可以把堆肥方法分为好氧堆肥和厌氧堆肥两种。其中好氧堆肥必须在有氧条件下进行,有机物分解代谢的产物主要是二氧化碳、水和热量;而厌氧堆肥则是在隔绝氧

气的条件下,将有机物分解代谢为甲烷、二氧化碳和小分子量的有机酸等主要产物。两种堆肥方法相比较,好氧堆肥具有发酵速度快、无害化效果好的显著优势,因此现代生产中应用的大多是好氧堆肥系统。它是在人工控制一定的温度、湿度、碳氮比以及通风供氧条件下,利用自然界广泛分布的细菌、放线菌、真菌等微生物的发酵作用,人为地促进可生物降解的有机物转化为一种类似腐殖质土壤物质的过程。好氧堆肥过程中产生的热量可以使堆体的温度上升到55～75℃,所以好氧堆肥也称为高温堆肥。

2.秸秆堆肥工艺及关键参数调控

秸秆堆肥生产有机肥的工艺流程如图3-3所示,主要包括原料预处理、一次发酵、二次发酵和产品加工等环节。

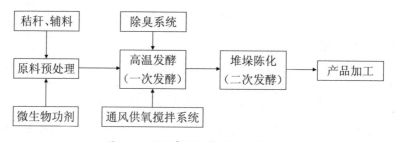

图3-3 秸秆高温好氧堆肥工艺流程

(1)原料预处理

堆肥原材料的预处理环节主要是通过对秸秆原料、辅料和添加剂的用量配比进行调整,使堆肥物料松散适度便于氧气的扩散,同时碳氮养分搭配平衡有利于好氧微生物的生长,为后续堆肥发酵的进行创造合适的条件。秸秆好氧高温堆肥原料预处理环节的关键参数包括含水率、碳氮比、粒径、pH等。

①含水率。堆肥过程中保持物料适宜的含水率是发酵过程中最为关键的因素。堆肥中的养分必须通过水分才能被微生物吸收利用,水分

在堆肥中移动的同时也会带动微生物、热量在物料内部的扩散,提高微生物发酵速率。秸秆高温堆肥适宜的含水率为55%~70%。含水率低于40%时,堆肥微生物的降解速率会显著下降,当含水率进一步降低至30%以下时,降解过程几乎完全停止;含水率高于70%时,会影响氧气在物料中的扩散而形成局部的厌氧区域,同样不利于秸秆的发酵腐熟。

实际生产中秸秆堆肥物料的含水率调节是否合适可采用手掌抓握的简单方法进行判断:将混合好的物料握在手中,用力抓握可以看到指缝中有少量水渗出,但还不至于出现大量水珠滴落,松开手掌轻轻触碰物料,物料呈现自然松散开的状态即可。

②碳氮比(C/N)。碳和氮是秸秆堆肥过程中微生物活动所涉及的两种主要营养物质。碳元素作为微生物的基本能量来源,同时也是构成微生物细胞的基本材料。微生物在分解、吸收、转化含碳有机物的同时,还需要吸收氮元素用于合成细胞中的蛋白质、核酸、氨基酸、酶等重要成分。研究表明微生物分解有机物最适宜的碳氮比为25:1。农作物秸秆有机质含量高而氮含量相对较低,一般小麦秸秆的C/N为100~120,水稻秸秆和稻壳的C/N为60~70,因此,如果单独以秸秆作为原料进行堆肥会存在C/N过高的问题,微生物生长活动受到氮素缺乏的限制,容易造成有机质分解缓慢,发酵周期延长,有机原料损失大,堆肥产品腐熟效果不佳等后果。而且,较高的C/N还会导致秸秆堆肥产品施入农田后与农作物争夺土壤中的氮素,从而影响农作物的生长发育。因此,需要在原料预处理环节加入畜禽粪便或氮肥等富含氮元素的物质作为辅料以降低秸秆原料的C/N,实际生产中多以廉价易得的畜禽粪便作为秸秆堆肥的辅料,C/N的调节范围在20~40均可促进秸秆堆肥过程中微生物的转化过程。

③粒径。粒径代表堆肥原料的大小,微生物对堆肥物料的分解主要

发生在颗粒的表面上,由于氧气可以扩散进入包裹颗粒的水膜以保证有氧代谢的需求,因此越小的粒径代表着越大的比表面积,而比表面积越大代表着微生物与物料充分接触反应的空间越大,发酵降解速度也越快。所以,高温堆肥前一般需用专业的设备将秸秆粉碎为1~2厘米粒径,这样既能保证微生物和物料的充分接触,又能保证有效的通风供氧,从而提高降解速度。

④pH。pH是影响微生物生长繁殖的重要因素之一。大多数研究结果表明,堆肥微生物适宜的pH为中性或偏碱性,强酸性(pH < 4.5)或强碱性(pH > 10.5)环境均会引起蛋白质变性从而严重降低微生物酶活性。通常秸秆与畜禽粪污进行混合堆肥物料的pH变化范围在6~9,一般不需要进行pH调节。

(2)一次发酵

一次发酵也叫主发酵或快速发酵,该过程中微生物的活动非常活跃,物料中的有机物快速分解。由于发酵产生的热量使堆体温度快速上升,堆体内需要大量的氧气,因此需要的翻堆频率或通风供氧的强度也比较高。

①温度控制。堆肥过程中的温度变化须每天定时进行监测,温度测量点位置应包括堆肥上、中、下不同层次的多个点位,以全面反映堆体内部温度变化情况。完整的一次发酵包括升温阶段、高温持续阶段和降温阶段三个过程。堆肥开始后24~48小时内,嗜温菌大量活跃和繁殖,在分解有机物的同时释放热量导致堆体温度快速上升至50℃以上,完成升温阶段;随后嗜温菌生长受到抑制大量死亡,而嗜热菌取得主导地位后活性显著提高,对有机物进一步分解转化并维持堆肥温度在50~70℃保持7~10天,在此高温持续阶段可有效杀灭秸秆和畜禽粪便辅料中的虫卵和植物病害等有害物质,达到无害化卫生标准要求;随着堆肥中易分

解有机物的消耗减少,微生物对原料中剩余的纤维素、木质素等分解速度显著下降,堆肥进入降温阶段。整个一次发酵过程的周期为15～25天。

②通风供氧控制。堆肥过程中的通风供氧主要有三个方面的作用,一是为好氧微生物的生长繁殖和代谢活动提供氧气,二是在高温条件下带走物料蒸发的水分,三是去除有机质分解产生的热量调节堆肥温度。根据堆肥设备、工艺的不同,通风供氧的方式主要包括鼓风机强制通风和翻堆机定期翻抛两种类型,或者是两种类型的联合应用。鼓风机强制通风多采用间歇式通风,标准状态的风量宜为0.05～0.20米³/(分·米³);风压可按堆体高度每升高1米增加1000～1500帕选取,通风次数和时间应以保证发酵在最适宜条件下进行为依据,视具体情况而定;翻堆机每2～3天翻堆一次,翻堆时务必均匀彻底,将底层物料尽量翻入堆体中上部,以便充分腐熟。总体把握"时到不等温,温到不等时"的原则,即在堆肥初期,如果堆肥升温缓慢,48小时后必须翻堆或者通风供氧,避免形成厌氧发酵;在堆肥的中后期,当堆体温度达到或超过70℃时,应当立即进行翻堆或通风供氧散热,以避免高温对微生物活性产生抑制。

(3)二次发酵

二次发酵又称为堆垛陈化阶段或后腐熟阶段,将一次发酵后的秸秆堆肥集中为大堆存放,7～10天进行一次翻堆。二次发酵过程中,微生物对有机质的分解反应速度变缓,产生的热量也变少了,所以翻堆或通风供氧的需求也降低了。相对于一次发酵,二次发酵阶段的管理和调控虽然简单但依然十分必要,因为二次发酵阶段有利于腐殖质类物质的形成和堆肥的进一步腐熟,降低秸秆堆肥的植物毒性,从而增加种子发芽指数,提高堆肥品质。二次发酵周期在30天以上。

3.秸秆堆肥还田技术应用优势

与直接还田相比,秸秆经过高温好氧堆肥技术生产有机肥还田具有以下三方面的优势。首先,由于采用了先进的微生物发酵技术,接种高效发酵菌剂,使得秸秆纤维素、木质素迅速分解转化,相当于极大地缩短了秸秆直接还田的腐解和养分释放过程,提高了秸秆养分的利用效率;其次,各种病原菌、杂草种子均得到有效的杀灭,不会产生直接还田带来的病虫害加剧的不良后果;最后,秸秆与畜禽粪便生产的有机肥不仅富含作物生长所需的氮、磷、钾等大量元素,还含有硫、钙、镁、锌、硼、钼、铜和铁等中微量元素,而且大多以有机形态存在,既可满足作物生长需要,还可提高作物对不良环境的适应能力,还田效果优于秸秆直接还田。

三) 秸秆炭化还田

秸秆炭化技术是指将秸秆粉碎或压制成颗粒后,在隔绝氧气或缺氧条件下进行加热升温,使有机物质受热分解发生炭化的过程,其产物主要包括生物质炭、木醋液和可燃气等。经炭化后形成的秸秆生物质炭产品质地疏松、具备丰富的孔隙结构和较高的比表面积,能够显著降低土壤容重进而改善土壤的水、肥、气、热状况;秸秆生物质炭还具有良好的吸附能力,可用以制备具有养分缓释作用的生物炭基肥料,也可用于吸附固定土壤和水体中的污染物。利用其孔隙丰富、比表面积大、吸附能力强、稳定有机碳含量高等优势特性,可开发出一系列的炭基农业投入品,例如炭基有机肥、炭基复混肥、土壤改良剂等。此外,在秸秆炭化过程中产生的可燃气、木醋液、木焦油等副产物,在农村清洁能源替代、植物生长调节剂、作物病虫害防控等方面均具有良好的开发应用价值。

秸秆炭化还田一般是指通过特定炭化工艺设备将秸秆等生物质转化为生物质炭,再以生物质炭为载体生产秸秆炭基肥料,然后结合一定农艺措施返还于农田(图3-4),从而实现秸秆的间接还田并提高其综合效益。无论是生物质炭直接还田还是开发成炭基肥料产品还田,均表现出良好的土壤改善、作物增产和固碳减排等作用。因此,炭化还田技术已成为秸秆资源肥料化利用的重要途径之一。

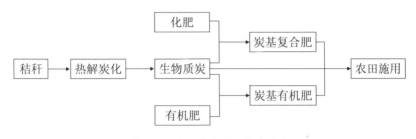

图3-4　秸秆炭化还田技术流程

1.秸秆生物质炭制备关键参数控制

炭化温度是决定生物质炭性质最根本的影响因素,同种秸秆原料在不同热解温度下制备的生物质炭产品具有不同的比表面积、pH、灰分、碳含量以及表面性质。

秸秆生物质炭的制备通常要经历干燥、预炭化、炭化和燃烧4个阶段。秸秆原料进入炭化装置后,随着设备温度升高到100～125℃时进入干燥阶段,秸秆中所蕴含的水分受热蒸发剩余干物质;当温度升高到125～250℃时进入预炭化阶段,秸秆中易分解有机物发生分解转变为挥发性气体;当温度升高到250～500℃时进入炭化阶段,秸秆中半纤维素(分解温度250～350℃)、纤维素(分解温度310～400℃)、木质素(分解温度200～500℃)相继发生热分解,产生大量挥发性气体和热量,剩余的固态物质即为生物质炭;当温度升高到500℃以上时进入燃烧阶段,利用炭化阶段释放的热量,对生物质炭进行煅烧,彻底去除残留在秸秆中的挥发性物质,形成最终的生物质炭产品。

随着炭化温度的升高,生物质炭的产率不断下降并趋于稳定。以小

麦秸秆为例,当炭化温度从300℃提高到400℃时,小麦秸秆生物质炭的产率由52%下降到33%,炭化温度进一步由500℃提升到600℃的过程中,小麦秸秆生物质炭的产率基本上维持在22%左右,这主要因为当炭化温度高于500℃时,秸秆中有机物分解和挥发分的释放完毕,使得生物质炭的产率逐渐趋于恒定。炭化温度直接关系到生物质炭的孔隙结构,从而对其吸附性能产生影响。在一定范围内随着炭化温度的提高,秸秆生物质炭的比表面积相应增加,吸附性能有所提高,然而当炭化温度高于700℃时,生物质炭内孔隙的崩塌与孔道的堵塞则会引起比表面积的降低,反而导致吸附性能下降。因此,一般以秸秆为原料制备生物质炭,温度均控制在700℃以下。

2.秸秆炭化还田对土壤的改良培肥效果

秸秆热解炭化技术是当前绿色低碳农业的重点发展技术,其炭化产品的还田利用对农业可持续发展具有重要意义。炭基肥料是利用生物质炭载体的各类优点,与传统有机肥、化肥相结合而制成的新型肥料。炭基肥料的类型有炭基有机肥、炭基复合肥、炭基氮肥等,其中炭基有机肥应用最为广泛。炭基有机肥是以生物质炭为载体,与经过发酵腐熟的有机物料混合加工制备的一种长效有机肥,其对土壤的改良培肥效果主要体现在以下八个方面:

①秸秆生物质炭分子结构表面富含各种功能团,可以增强对土壤中羧基的吸附结合能力,使得羧基在生物质炭颗粒表面聚集,亲水性不断增强,从而改善土壤的吸水、保水能力;

②生物质炭施入土壤可加深土壤颜色,增加土壤吸热性能从而提高土壤温度;

③生物质炭质地轻、结构疏松,可以降低土壤容重和硬度,改善土壤质地及耕作性能;

④一般秸秆生物质炭均为偏碱性,可用于改良酸化土壤的pH,生物质炭中的盐基离子,如钙、镁、钾等,均有利于增加土壤pH;

⑤生物质炭施入农田还可增加土壤对盐分的缓冲能力,随着施用量的增加,土壤阳离子交换量(CEC)指标大幅提升;

⑥生物质炭的多孔结构和巨大的比表面积还能够为微生物生存提供附着的点位和空间,为土壤微生物提供栖息微环境,进而增加土壤微生物数量及活性,促进作物根区营养物质的转化吸收;

⑦施用生物质炭还能够促进土壤有机质水平的提高,将植物通过光合作用从空气中吸收的CO_2转变为稳定性碳固定封存在土壤中,有利于减少碳排放;

⑧生物质炭的吸附缓释性能还有利于减少氮、磷、钾等离子的溶解迁移,进而在土壤中达到缓释增效的目的。

秸秆炭化技术在解决农田生态系统安全与农业可持续发展等方面的作用已获普遍认可,围绕秸秆炭化还田为主要应用方向的各种炭化技术、设备和模式应运而生,其中"秸秆炭化还田固碳减排技术"作为2021年农业农村部十项重大引领性技术之一在全国范围内开展了示范推广。该技术通过"收储-炭化-产品化-还田"的技术链条,以炭化技术为基础,通过炭基肥料的产业化、规模化应用,实现农田土壤碳封存并减少温室气体排放,促进秸秆全量化利用和耕地质量提升,对农业高效、生态、环保、可持续发展具有重要意义(图3-5)。

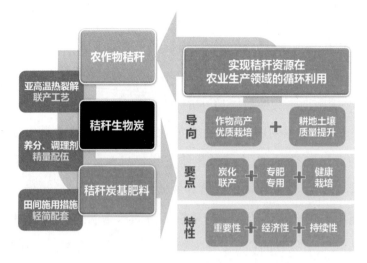

图 3-5　秸秆生物炭还田利用效果

第二节　农作物秸秆的能源化

主要包括：秸秆沼气技术、秸秆成型燃料技术、秸秆发电技术。

一　秸秆沼气技术

秸秆沼气技术是在厌氧环境和一定的温度、水分、酸碱度等条件下，秸秆经过微生物的厌氧发酵产生沼气的技术。目前我国常用的规模化秸秆沼气工程工艺主要有全混式厌氧消化工艺、全混合自载体生物膜厌氧消化工艺、竖向推流式厌氧消化工艺、一体两相式厌氧消化工艺、车库式干发酵工艺、覆膜槽式干发酵工艺。秸秆沼气关键技术包括秸秆预处理技术、与其他有机废弃物混合同步协同发酵技术、高浓度或干式发酵技术、沼气净化与生物天然气提纯技术、提纯 CO_2 再利用技术、沼渣沼液多级利用技术等。

目前,我国的秸秆沼气从应用上主要区分为农村户用小型秸秆沼气和大中型秸秆沼气工程两种类型。

1.农村户用小型秸秆沼气

农村户用小型秸秆沼气又可分为复合菌剂预处理秸秆产沼气技术和联户式秸秆沼气工程。复合菌剂预处理秸秆产沼气技术主要工艺流程为:

①粉碎。通过专用设备将秸秆(玉米、水稻、小麦等秸秆)粉碎至粒径≤2厘米。

②湿润。粉碎后的秸秆加水润湿,每100千克秸秆中加入100～120千克的水,使秸秆充分吸收浸润水分。

③混合。将充分润湿好的秸秆与沼气发酵专用复合菌剂、碳酸氢铵进行搅拌混合均匀。以8米³小型沼气池为例,需要添加菌剂1千克、碳酸氢铵5千克,补充水分100千克,秸秆用量为85～100千克,物料混合搅拌均匀后含水率在65%～70%。

④生物预发酵。正式进入厌氧发酵池之前,需要进行堆沤预发酵,将搅拌均匀的秸秆堆成横截面为梯形或三角形的长条形堆垛,底部宽度为1.2～1.5米,高度为1～1.5米。一般情况下堆沤3～7天后,堆内温度可缓慢升高到50℃左右并维持3～5天,物料内出现大量白色菌丝时即完成秸秆原料的堆沤预处理阶段。

⑤接种厌氧发酵菌剂。将预处理好的秸秆填装入厌氧发酵池,加入接种物,同时添加碳酸氢铵或者畜禽粪便为微生物厌氧发酵提供养分,碳酸氢铵添加量为8～10千克,畜禽粪便添加量为秸秆物料体积的20%～30%。然后加水至沼气池的常规容量,此时厌氧发酵池内总固体含量为6%～8%。

⑥启动厌氧发酵。密封沼气池口,然后连续放气1～3天。从放气的

第二天开始试火,直至沼气产量稳定能够点燃并且火苗稳定即可正常使用。

联户式秸秆沼气,其预处理方式与户用小型秸秆沼气相似,秸秆的粉碎度视发酵工艺及池型确定。覆膜式干发酵工艺,秸秆粉碎至粒径5~10厘米,即可投料进入厌氧发酵装置;湿法厌氧发酵工艺需要将秸秆粉碎至粒径≤1厘米,并配有搅拌设施,防止秸秆上浮在液面结壳影响厌氧发酵进程。

联户式秸秆沼气工程多为常温发酵,与户用小型秸秆沼气池的区别在于:①单体池容积增大,或多种槽型池组合,设置主管道收集气体与输送;②大多数沼气池采取了保温措施,有的在池侧壁增加了保温层,有的将沼气池置于太阳能温棚内,在南方地区的冬季也有的采取临时在沼气池表面覆盖塑料薄膜,以利于减少沼气池的温度下降,从而将池内的发酵温度维持在15℃以上;③多池轮流作业,调节产气峰值,达到相对稳定供气的目的。由于采取了一些简易的保温措施和各池管路联通,使得供气稳定性比单户沼气池要好一些,但工程建设投资也相对增加了30%~40%。

2.大中型秸秆沼气工程

大中型秸秆沼气工程主要分为三类:①自载体生物膜全混合厌氧消化技术;②覆膜槽秸秆生物气化技术;③连续式秸秆沼气发酵工艺。

自载体生物膜全混合厌氧消化技术利用秸秆作为厌氧微生物附着的载体,同时又为微生物活动繁殖提供养分和能量,具有生物量大、反应效率高的特点。一般多采用卧式反应器结构,内部设有搅拌装置。通过搅拌改善厌氧菌与物料的接触和传热传质效果,从而提高秸秆厌氧产沼气的效率,进、出料采用螺旋和输送带,有利于降低劳动强度、提高生产效率。自载体生物膜全混合厌氧消化技术的工艺流程为:①秸秆先经机械搓揉处理并切成粒径为1~2厘米,然后进行3天预处理;②投料、接种后封罐进行厌氧消化50~60天;③产生的沼气经净化后贮存,再由管网输送到用户。此技术具有不外排沼液、可实现物料内循环利用的优势。

覆膜槽秸秆生物气化是采用覆膜槽生物反应器、专用机械装备以及好氧–厌氧–好氧的调控技术,实现固态发酵原料(秸秆、粪便等)厌氧干发酵的工业化生产。覆膜槽秸秆生物气化技术的工艺流程为:①揉切机将作物秸秆切成5厘米以下小段并揉碎,再用装载机装入覆膜槽生物反应器,同时加入畜禽粪便等调整物料的碳氮比及含水率,搅拌设备每天搅拌混匀物料1~2次;待物料升温到所需温度,将接种厌氧发酵菌种并搅拌混合均匀;在反应器槽体上覆盖柔性膜并在槽体内营造厌氧密封状态,进行厌氧发酵生产沼气(厌氧发酵温度35~42℃);厌氧期结束时,将反应器内的沼气抽空,解开柔性膜,对剩余物料再次进行好氧发酵,生产有机肥料。

连续式秸秆沼气发酵工艺是指经预处理的秸秆(粉碎、均质、调温),每天按照一定容积负荷通过泵从反应器的顶部均匀布料,并且是按照进料的顺序呈层状推压下行,出料依靠自压排泄从底部排出,经过中转池的自然沉淀,上浮的沼渣由刮渣机排出池外,沼液全部回流至调节池。

秸秆经过厌氧发酵后的主要产物为沼气、沼渣和沼液。其中,沼气作为一种清洁能源,可用于居民供气,为工业锅炉和居民小区锅炉提供燃气,也可发电上网,沼气净化提纯成生物天然气,可作为车用燃气或并入城镇天然气管网。沼液是秸秆经厌氧发酵后的残余物,是一种优质的有机物,含有较为丰富的氮、磷、钾等营养元素,动植物所需氨基酸和微量元素,大量腐殖酸和维生素,还含有数十种防治作物病虫害的活性物质、植物生长刺激素、抗生素等。秸秆发酵后原料中没有被微生物分解或分解不完全的物质成为沼渣,沼渣中富含发酵过程中形成的微生物菌

团,以及未完全分解的纤维素、半纤维素、木质素等,有机质含量为40%以上,腐殖酸含量为20%左右,是很好的有机肥料。

二 秸秆成型燃料技术

秸秆作为燃料是秸秆废弃物能源化利用的方式之一,引起世界各国能源部门和科学家的广泛关注。与传统煤炭、石油等化石能源燃烧产生的碳排放相比,秸秆生长过程中利用光合作用从空气中吸收CO_2,在作为燃料燃烧时排放CO_2,整个过程中吸收与排放的CO_2量基本相当,属于零碳排放的绿色能源范畴。而且秸秆中氮、硫含量远低于煤炭,燃烧产生的NO_x和SO_2的量也较低,因此秸秆的燃料化利用对抑制酸雨的产生、减少温室气体排放均具有重要意义。

秸秆燃料化利用主要应用于集中供热或发电领域。但秸秆未经处理直接进行燃烧也存在着一些问题亟待解决,主要包括:秸秆密度小体积大,燃烧能量密度低,运输和存储成本较高;不同种类的秸秆原料之间物理性质差异较大,燃烧特性也存在差异,极大地影响了燃烧设备的设计和运行。为了解决这些问题,将生物质压缩为成型颗粒燃料,可有效提高生物质燃料的堆积密度,降低运输和存储成本;同时,秸秆成型颗粒的燃烧特性也相对一致,便于普遍适应锅炉的正常运行。

秸秆成型燃料技术是在一定条件下,利用木质素充当黏合剂,将松散细碎的、具有一定粒度的秸秆挤压成质地致密、形状规则的棒状、块状或粒状燃料的过程。秸秆固化成型燃料热值与中等品质烟煤大体相当,具有点火容易、燃烧高效、烟气污染易于控制、贮运方便、排放低碳等优点,可为农村居民提供炊事、取暖用能,也可以作为农产品加工业、设施农业(温室大棚)、养殖业等产业的供热燃料,还可作为工业锅炉、居民小区取暖锅炉和电厂的燃料。

秸秆成型颗粒燃料燃尽率高,灰分含量远低于煤炭,充分燃烧后,产生的烟气中烟尘含量也相对较少,作为燃料供工业化企业大规模使用可有效降低后续除尘环节的费用;同时秸秆中钾含量相对较高,燃烧后形成的灰渣中包含大量有机钾盐,可用于回收提炼钾肥,实现了"秸秆→燃料→肥料"的循环和再利用,在当今国际钾肥价格大幅上涨的背景下,不仅降低灰渣处理的成本还具有潜在的经济效益。

秸秆制备颗粒状燃料的主要工艺流程为:秸秆原料打捆收集、运输、存储→秸秆晾晒或烘干→通过粉碎机进行破碎→利用模辊挤压式、螺旋挤压式、活塞冲压式等压缩成型机械对秸秆进行压缩成型→通风冷却→贮存销售。

在秸秆的压缩造粒过程中,含水率、压力及粉碎程度都会影响秸秆颗粒燃料的成型效果。原料的含水率会影响成型燃料的松弛密度和耐久性,从而影响成型燃料的成型效果,一般棒状秸秆燃料的原料含水率需控制在10%~25%,颗粒状秸秆燃料的原料含水率需控制在15%~25%。在成型效果方面,成型压力过低,生物质粉末燃料不能成型;压力过高,成型燃料的外形不均匀,密度过大,不利于燃烧。成型燃料的松弛密度与耐久性(包括抗跌碎性与抗渗水性)随成型压力增大而增大。除压力条件外,秸秆原料粉碎的粒径越小,成型颗粒燃料的紧实度越高,抵抗因挤压而造成的松散和破碎的性能越好。

秸秆成型燃料的密度为700~1400千克/米³,灰分1%~20%,水分≤15%,秸秆成型燃料的热值为3700~4500千卡/千克,不同种类秸秆制成的压块燃料,其热值不尽相同,例如:玉米、油菜秸秆的热值约为3700千卡/千克,小麦秸秆的热值约为3500千卡/千克,水稻秸秆的热值约为3000千卡/千克。以玉米秸秆为例,玉米秸秆成型燃料的热值为普通民用取暖用煤的70%~80%,即1.25吨的玉米秸秆成型燃料相当于1吨煤的热

值,在配套的专用生物质燃烧炉中燃烧,其燃烧效率是燃煤锅炉的1.3～1.5倍。综合比较下,1吨玉米秸秆成型燃料的热量利用率与1吨煤的热量利用率基本相当。(1千卡=4.184千焦)

三 秸秆发电技术

秸秆发电技术是以秸秆为原料在专用型蒸汽锅炉中燃烧产生蒸汽,驱动蒸汽轮机,带动发电机发电的技术。根据秸秆的燃烧方式可分为秸秆直燃(混燃)发电和秸秆气化发电两种主要类型。

1.秸秆直燃(混燃)发电技术

秸秆直燃发电是指采用秸秆为单一原料进行燃烧,产生蒸汽驱动蒸汽轮机和发电机的过程。秸秆直燃发电技术是当前国家大力发展的战略性新兴产业之一,不仅能避免农作物废弃物资源的浪费,而且能有效缓和秸秆禁烧管理难的问题,对我国能源安全、生态环境保护和社会可持续发展具有重要意义。

秸秆的燃烧过程与煤炭的燃烧过程类似,可分为水分析出阶段、挥发分析出点燃阶段、焦炭燃烧、燃尽4个阶段。但与常规火力发电厂用煤炭相比,秸秆具有水分和挥发分较高,灰分、热值较低等特点,因此与煤炭的燃烧过程又不尽相同。此外,由于秸秆中碱金属含量较高,增加了烟气对设备的腐蚀,组织秸秆燃烧时还必须考虑这些不利因素的影响。用于秸秆发电的燃烧技术主要有水冷式振动炉床燃烧技术和循环流化床燃烧技术。

水冷式振动炉床燃烧技术是丹麦BWE公司开发的主要用于燃烧生物质的燃烧技术,由于采用了振动炉排,减小了秸秆在炉排上分布的不均匀性,解决了传统炉床燃烧设备燃料分布不均匀、燃烧效率低的缺点。秸秆燃烧后产生灰分的量较小,采用水冷可以保护炉排不被烧坏。

尾部过热器采用3级和竖直烟道中的分开布置可以有效降低碱金属等对受热面的腐蚀。

循环流化床燃烧技术是目前工业化应用最为广泛的秸秆燃烧技术。循环流化床一般由炉膛、高温旋风分离器、返料器、换热器等几部分组成。流化床密相区的床料温度在800℃左右,热容量较高,即使秸秆的水分为50%~60%,进入炉膛后也能稳定燃烧,加上密相区燃料和空气接触良好,扰动剧烈,燃烧效率较高。相比炉床燃烧技术,流化床燃烧技术具有布风均匀、燃料与空气接触混合良好、SO_x和NO_x排放少等优点,更适合燃烧水分过高、热值低的秸秆。

秸秆混燃发电是一种多原料投入的发电技术,一般将秸秆原料加工成适于锅炉燃烧形式(粉状或块状),与煤、原油和燃气等化石能源一起送入锅炉内进行混合燃烧,使储存于生物质和煤燃料中的化学能转化成热能产生蒸汽,驱动汽轮发电机组旋转产生电能,其关键设备和工艺与秸秆直燃发电技术相同,可显著提高发电效率。

2.秸秆热解气化发电技术

秸秆气化发电过程是通过气化热解技术将秸秆转化为富含氢气、一氧化碳和低分子烃类的易燃性气体,再对这些气体进行除尘、除焦、冷却等净化处理,最后传输到内燃机或小型燃气轮机,带动发电机运行发电。目前,生物质气化发电技术在国际上的应用相对较少,但与直接燃烧发电和混合燃烧发电相比,热解气化发电具有能耗低、产能高的特点,是当前秸秆能源化利用研究的主要方向。秸秆热解气化发电需采用特殊的气化反应器,常用的气化反应装置包括固定床气化炉、流化床气化炉和气流床气化炉。在固定床气化炉中,物料床层相对稳定,会顺序完成干燥、热解、氧化还原等反应,最后转化为合成燃气。根据气化剂与合成燃气流动方向的差异,固定床气化炉又分为上吸式(逆流式)、下吸式

（顺流式）、横吸式三种形式。流化床气化炉由气化室和布风板等组成，气化剂通过布风板均匀导入气化炉中，按气固流动特性不同，又分为鼓泡流化床气化炉和循环流化床气化炉。气流床中气化剂（氧气、水蒸气等）夹带生物质颗粒，通过喷嘴喷入炉膛。细颗粒燃料分散悬浮于高速气流中，高温下细颗粒燃料与氧气接触后迅速反应，释放大量热，固体颗粒瞬间热解、气化转化生成合成燃气及熔渣。对上吸式固定床气化炉，合成气中焦油含量较高。下吸式固定床气化炉构造简单，加料方便，可操作性好，在高温作用下，生成的焦油可充分裂解为可燃性气体，但气化炉出口温度较高。流化床气化炉优点是气化反应速度快，炉内气固接触均匀，反应温度恒定，但其设备结构复杂，合成气中灰分含量高，对下游净化系统要求较高。气流床气化炉对物料预处理要求较高，必须粉碎成细小颗粒，以保证物料可以在短暂的停留时间内反应完全。

▶ 第三节 农作物秸秆的饲料化

秸秆饲料是指以玉米、大豆、高粱、小麦、水稻等农作物秸秆为原料采用青贮、黄贮、微贮、膨化、氨化等技术生产的秸秆新型饲料产品，用于饲养牛、马、羊等反刍动物。秸秆饲料营养丰富、适口性强、投资少、见效快，是前景广阔的朝阳产业，秸秆饲料可代替粮食，减少粮食损耗，促进粮食增产、农民增收，加快秸秆综合利用产业化发展，助力乡村振兴发展。

新时代我国社会的主要矛盾是人民日益增长的美好生活需要和不平衡不充分的发展之间的矛盾。为满足人民对粮食及乳肉品的需求，畜牧养殖规模不断扩大。秸秆的饲料化高效利用，不仅扩大饲料来源促进草食家畜业大幅度增产，节约饲粮保障国家粮食安全，增加就业机会促进农民增收,还可以改善大气环境,推进农业可持续发展。但是秸秆具有粗纤维含量高,粗蛋白、粗脂肪含量低,容积人,适口性差,消化率低等营养特性,不能为一般的畜禽所利用,但可被反刍动物牛、马、羊等吸收和利用。

为提高秸秆饲料的动物消化吸收利用率,收获农作物秸秆后要进行加工处理。秸秆加工处理的方法可以分为三类,分别是物理加工方法、化学加工方法及生物学加工方法。(表3-1)

通过饲料的切短、粉碎、揉搓、热喷、膨化、碾青、压块、颗粒化等技术,对饲料进行物理加工,不需要耗费很多资金,就可以提高消化率20%～30%,从而提高秸秆的利用价值。在物理加工的基础上,进行化学(碱化、氨化、酸化)、生物学(青贮、微贮、酶处理)等方法的加工,会更好地提高粗饲料的利用价值。

表3-1 不同秸秆饲料化利用加工处理方法比较

项目	处理方法	优点	缺点
物理加工方法	切短、粉碎、揉搓、浸泡、蒸煮、热喷膨化、γ射线、碾青、打浆、压块、制粒等	简单易行,能明显提高秸秆饲料适口性、采食量和消化率,容易推广,便于运输	机械化要求较高,效果不明显
化学加工方法	碱化、氨化、酸化、氧化剂处理、碱-酸复合处理、氨-碱复合处理等	能提高秸秆饲料适口性、营养价值和消化率	容易造成化学物质的过量,使用范围狭窄、成本高、污染环境
生物学加工方法	青/微/黄贮法、酶处理法、菌处理法、酶菌复合处理法	作用条件温和、专一性强;操作简单,制作成本低廉,效果明显;运输方便;可长期保存;绿色、环保、安全	生物制剂的优化筛选困难;制作条件控制严格
复合法	物理法、化学法与生物法的联合应用	具备生物、物理、化学三种加工方法的优势,效果更佳,有效弥补单一加工方法的局限	作用机制较复杂

一 物理加工方法

秸秆饲料的物理加工方法就是利用人工或机械等方法,通过改变秸秆的物理性状,增加秸秆的比表面积,使秸秆易被反刍动物的瘤胃微生物接触,从而更易被动物消化吸收。主要方法有浸泡、蒸煮、切短、揉搓、粉碎、膨化、热喷、碾青、射线照射等。物理加工方法也是其他加工方法的基础和前提。

1.秸秆饲料的切短和机械粉碎技术

利用机械工具对农作物秸秆进行切短、粉碎,使秸秆便于被动物采食与消化,减少动物咀嚼时间,降低动物能耗。机械的切短和粉碎,使部分秸秆中的纤维素、半纤维素和木质素的结合破碎。对反刍动物而言,粉碎的秸秆更加有利于瘤胃微生物进行降解发酵,大大提高了反刍动物的采食率和消化率。但秸秆并不是越碎越好,应根据动物的品种和年龄进行差异化处理,一般喂牛时秸秆切短为3～4厘米,喂马、骡时切短为2～3厘米,喂绵羊时切短为1.5～2.5厘米。

2.秸秆饲料的揉搓技术

秸秆的揉搓处理,是利用秸秆揉搓机将农作物秸秆切断、揉搓成短丝条状,被揉搓的秸秆质地柔软、适口性好、食用率高。

揉搓处理秸秆的应用,不仅可以提高秸秆的适口性,增加动物的采食量,而且是作为秸秆青贮或氨贮的预处理,可以代替切短和粉碎工序,从而提高青贮和氨化的效果,为农作物秸秆的饲料化利用提供有利的条件。

3.秸秆饲料的浸泡与蒸煮处理

农作物秸秆经过浸泡与蒸煮处理可以改善秸秆饲料的营养价值,使秸秆变软,提高饲料的适口性,增加消化率。浸泡还可以使精细饲料容易黏附在秸秆中,提高秸秆的利用率。

浸泡多用于坚硬的籽实或油饼,使之软化或用于溶去有毒物质。例如,对于毛苕子等籽实,饲喂前适当地浸泡,可除去其中的抗营养因子生物碱,并且其经过浸泡后变得柔软膨胀,便于咀嚼和消化,改善了适口性。但是浸泡的时间应掌握好,浸泡时间过长,会使可溶性的蛋白质和碳水化合物溶解在水中,造成营养成分的损失,适口性也随之降低。如若在高温天气,有的饲料甚至会因为浸泡过久而变质、发霉、发臭,影响适口性。对磨碎或粉碎的精料,喂牛前应尽可能湿润一些,以防饲料中粉尘多而影响牛的采食和消化,对预防粉尘进入气管而造成的呼吸道疾病有益。

蒸煮软化是指将切碎的秸秆通过蒸煮处理,使其软化的一种方法。蒸煮可以改善秸秆适口性,软化纤维素,常用于饲喂种猪、肥育牛和低产乳牛,蒸煮温度为90℃,1小时后放入箱内2～3小时。此外,还可以将秸秆制成熟草喂牛。将切碎的秸秆加入少量豆饼和食盐放入大锅中蒸煮,煮沸30秒,冷却后,取出喂牛。或者将切碎的稻草与胡萝卜混合放入铁锅中(锅下层通气管,气管上有洞),覆盖麻袋通过气管蒸20～30秒,5～6小时后,取出喂牛,日喂量折合干稻草4～4.5千克,喂食效果好,可提高泌乳量。由于秸秆饲料体积大,蒸煮成本较高,因此蒸煮处理更适合秸秆类饲料和籽实类饲料。

4.农作物秸秆的膨化技术

秸秆经过膨化可以改变理化性状和营养成分,提高动物对秸秆的采食率和消化率。膨化处理是将农作物秸秆适当切短、润湿使其含水率在40%左右,装入膨化机中,秸秆在机腔内受到挤压、摩擦、剪切而迅速产生大量热量,温度很快升到110℃以上,使秸秆中水分在极短时间内形成过热水蒸气,从而在机腔内形成高压。当物料被螺杆推送到锥体压力室

时,被压缩的物料由喷嘴迅速喷出。由于压力在瞬间得到释放,植物细胞结构裂解疏松,木质素和纤维素等高分子物质可发生部分分解和结合键的断裂,秸秆的细胞壁膨裂,从而形成体积疏松膨软的秸秆膨化饲料。

5.农作物秸秆的热喷技术

热喷处理是将初步破碎(或不经破碎)的粗饲料装入压力罐内,用1471～1961千帕的蒸汽加压,持续1～30分钟,然后突然降压喷放即得热喷饲料。经热喷处理的粗饲料,纤维素分子断裂、降解,使纤维细胞撕裂、细胞壁疏松、细胞游离,物质颗粒会骤然变小,而总面积增大,从而达到质地柔软和味道芳香的效果,可提高采食量和有机质的消化率。热喷过程中可加入尿素等非蛋白含氮化合物,以增加秸秆的营养价值。

6.农作物秸秆的碾青技术

秸秆碾青处理是将麦秸铺在打谷场上,在地面先铺厚30～40厘米的秸秆,上铺同样厚的青绿饲料(以苜蓿、红豆草、草木樨等豆科牧草为好),最上面再铺以各类秸秆,然后用碾子进行反复碾压。青草流出的汁液经过上下两层秸秆吸收后晒干,这样使青绿饲料中的汁液被秸秆所吸收,大大增加了秸秆饲料的营养价值和适口性。同时碾青技术缩短晒制青绿饲料所用的时间,防止长时间晒制青绿饲料的营养损失和雨水的漂洗、阳光的漂白损失。

二 化学加工方法

常用的秸秆饲料化学加工方法包括碱化、氨化、酸化、氧化及它们相互结合后的复合处理等。

1.农作物秸秆的碱化技术

碱化处理就是在秸秆中加入一定比例的碱溶液,促使木质素与纤维素、半纤维素分离,使纤维素及半纤维素部分分解,细胞膨胀,结构疏松,提高膨胀力与渗透性,破坏木质素与纤维素之间的联系,提高秸秆中含氮物质和潜在碱度,从而提高秸秆的营养价值和饲用效果。

一般来说,各种农作物秸秆均可作碱化处理。最常用的有玉米秸秆、小麦秸秆、稻草、大豆秸秆等。经过碱化处理的秸秆容易消化吸收,消化率可提高20%左右,可直接饲喂牛、羊、驴等大家畜。常用的碱化剂可使用$Ca(OH)_2$、KOH、$NaOH$等碱性物质。其成品的形态可以是散秆、碎段、碎粉或秸秆颗粒,也可以同其他饲料一起处理和作用。

碱化处理的方法分干法和湿法两种。湿法处理是用1.5%$NaOH$溶液浸泡秸秆24小时后取出冲洗、淋干,即可饲喂家畜。秸秆消化率可由40%提高到70%。干法处理是用1.5%$NaOH$溶液喷洒在秸秆上,随喷随拌。喷后再放置几天,不用水洗而直接饲喂家畜。实践表明,在正常气温气压下,以每100千克秸秆用1.5%$NaOH$溶液30升为好。用此方法处理的秸秆,家畜采食量提高48%,干物质消化率提高16%。另外,还可使用碱化干法生产颗粒饲料。可在切碎的秸秆中加入1.5%$NaOH$溶液和尿素溶液,制成颗粒。压粒时由于压力大,温度高(90~100℃),加快了破坏木质素细胞组织的过程,可以大大提高秸秆的消化率。

2. 农作物秸秆的氨化技术

氨化处理方法是公认的比较适合我国条件的化学方法。就是在秸秆中加入一定比例的氨水、无水氨(液氨)、尿素等,促使木质素与纤维素、半纤维素分离,使纤维素及半纤维素部分分解,细胞膨胀,结构疏松,破坏木质素与纤维素之间的联系,从而提高秸秆的消化率、营养价值和适口性。经氨化处理后,农作物秸秆中的粗蛋白含量会提升6%~8%,饲料消化率提高25%左右,能够在很大程度上增加其营养成分,降低了饲养成本。在地址选择方面,需要注意有良好的排水性,同时远离火源。首先,将秸秆铡碎,1厘米左右即可。在堆放过程中注意含水量的调整,如

果氨源选择液氨,可将秸秆含水量调整在20%,如果使用尿素,可将秸秆含水量调整为40%~50%。然后,提前在地面铺设塑料,四周留有薄膜,将秸秆摊平,间隔30~50厘米放置木杆,以方便液氨的注入。氨化处理方法比较简单。常用的氨化处理方法有堆贮、窖贮、缸贮、塑料袋贮等。堆贮又称垛贮,就是将秸秆码成数吨或十数吨的草堆,外用黑塑料薄膜严密覆盖,然后用管子向草堆内注入占秸秆重量3%的液态氨,经2~4周即可用来饲喂牲畜。

氨化步骤及注意事项:①检查薄膜是否有破损;②清理堆垛场地;③塑料薄膜就地铺好;④将秸秆堆垛在用塑料铺底的场地上;⑤喷洒氨水或尿素溶液;⑥严格密封;⑦加强处理期间的管理;⑧喂前放掉余氨;⑨随用随取。

3.农作物秸秆的酸化技术

酸化处理方法是通过喷洒酸性物质,如使用适当磷酸,来进行饲料的贮藏,并加入适量的芒硝,以促进乳酸菌的提升,保证饲料的营养,避免细菌的侵袭。该方式的使用效果较好,简单便捷,且消化率较高,口感较好,但资金投入较大。

4.农作物秸秆的氧化技术

氧化处理方法是指利用过氧化氢、二氧化硫、臭氧、亚硫酸盐和次氯酸钠等氧化剂处理秸秆,以除去秸秆中木质素,从而提高秸秆消化率的一种化学处理方法。

（三）生物学加工方法

秸秆饲料的生物学加工方法就是利用有益微生物(乳酸菌、酵母菌等)和酶等,在适宜的条件下,分解秸秆中难以被家畜消化的纤维素和木质素的一种加工方法。常见的生物学处理方法有三种,即自然发酵法、微生物发酵法、酶解技术。

1.自然发酵法——青贮

自然发酵法又称直接发酵法,青贮是其中最常见的一种。青贮技术在实际应用中需要注意适时收割,适当切碎以及压实密封。在收割方面,要准确把握原料收割期,玉米青贮一般选择在乳熟后收获。青贮原料切碎后含水量需要控制在手感湿润,同时未出现滴水的程度,如果水分高,可对其适当晾晒,水分过低,可给予喷洒等处理。原料切碎压实后排出空气,能够帮助乳酸菌更好地摄取糖分,切碎长度控制在2~3厘米即可。青贮壕需要结合养殖场饲养规模分析考虑,可选择长方形或正方形样式。在青贮壕四周使用砖砌水泥墙面、地面,在入口和出口位置需要设置一定的坡度,以便于饲料的运输,方便玉米秸秆取料和贮存。使用秸秆粉碎机粉碎饲料,将其安装在青贮壕旁,秸秆粉碎后直接落入池子底部。注意控制秸秆粉碎程度,以方便牛羊采食。逐层压实,之后撒上一定量尿素,提高其适口性。玉米秸秆饲料青贮需要选择在白天进行,避免秸秆在空气中过长时间暴露,青贮过程中需要逐层从底部将玉米秸秆装满,同时注意平整夯实,避免空气混入青贮饲料。农民可选择未完全成熟的玉米秸秆销售给饲养场,这种饲料更具营养。玉米秸秆粉碎青贮后,可对青贮壕密封处理。有的装填的秸秆和青贮壕的边缘平齐,就直接用塑料薄膜覆盖秸秆,然后用土覆盖,但这种覆盖方式容易使玉米秸秆出现变质等问题,主要是因为玉米秸秆氨化青贮后体积会有明显减少,出现下沉,青贮壕周边和顶部位置会出现缝隙,缓慢下沉后,四周塑料薄膜在重力作用下可能会被扯烂等,导致玉米秸秆饲料霉变。牛羊在食用霉变玉米秸秆后可能会出现食物中毒等问题,因此在青贮玉米秸秆时,要注意等青贮壕内装填的玉米秸秆达到封顶高度,将玉米秸秆饲料铺平压实之后,在中间位置适当多装填一些粉碎后的玉米秸秆,使

中间位置高出边缘30～60厘米,在墙壁内侧挖出0.5米深沟槽,将塑料薄膜边缘覆盖在墙壁内侧,使用泥土密封,将内侧墙壁与塑料薄膜间玉米秸秆饲料清除,确保塑料薄膜与氨化青贮壕内壁紧贴,利用工具夯实四周。这一方式能够使青贮玉米秸秆发酵中不会扯烂塑料薄膜,避免空气进入青贮壕,确保青贮壕中饲料保存质量。

2.微生物发酵法——微贮

微生物发酵法是指添加微生物进行发酵,即微贮技术。在生物学加工方面,工作人员应选择合适的微生物进行农作物秸秆处理,利用微生物的发酵作用,提高饲料的营养,保证技术加工的效果。在使用微生物发酵法时,要注意先对秸秆进行处理,再加入微生物发酵剂并确保搅拌均匀,然后放入密封的容器中,待其发酵后,即可形成高品质的饲料。此加工方式的优点是经济成本低、收益高、消化率高和保存时间长。采用该技术加工,需要将秸秆切成长4厘米左右,在放入窖底时,铺放的秸秆厚度在25厘米左右,使用菌液水对其进行喷洒,并做好压实处理,然后进行铺设和喷洒。至窖口时要注意封口操作,注意将封口位置控制在离窖口45厘米左右。在完成该操作后进行压实,并撒上食盐,以保证饲料的质量。对食盐的用量要控制好,避免出现发霉状况。最后,盖上塑料膜,塑料膜的厚度应在0.25毫米左右,并对其进行覆土,从而保证饲料品质。在开窖时,工作人员应当结合具体的操作要求,避免饲料同空气相接触,这样便可保障饲料的品质和应用成效。针对秸秆的处理,通过发酵可将秸秆中的木质纤维素转化为脂肪酸和乳酸,并有效降低pH,提高整体的抑制效果,延长秸秆的保存时间,确保其使用效果。

3.酶解技术

酶作为生物化学反应的催化剂,本是生物体自身所产生的一种活性物质。由于生物技术迅速发展,近年来世界各国纷纷研制并生产饲用酶制剂。酶制剂无毒、无残留、无副作用,是优质的新型促生长类饲料添加剂。酶通过参与有关的生化反应,降低反应所需活化能,加快其反应速度,来促进蛋白质、脂肪、淀粉和纤维素的水解,从而促进饲料营养的消化吸收,最终提高饲料利用率和促进动物生长。用于酶解秸秆饲料的酶制剂,主要是由康氏木霉、绿氏木霉和黑曲霉等菌种产生的。如用果胶酶和纤维素酶,需另外加入一定量的能源物质、无机氮和各种无机盐来共同处理秸秆饲料,这样可明显提高饲料蛋白质含量(100克/千克),也增加了还原糖,降低了纤维素含量。纤维素的消化率提高为79.84%~84.80%,即增加一倍多,因而提高了秸秆饲料的营养价值和饲用效果。

四 秸秆饲料的其他制作技术

秸秆仿生饲料或称人工瘤胃发酵饲料。秸秆仿生饲料制作技术是根据牛、羊瘤胃转化功能的生物学特点,采用人工仿生制作,通过有益微生物发酵降解纤维素,增加秸秆粗蛋白、氨基酸含量的一种方法。该技术使用方便,经济实惠,值得推广。

秸秆经过仿生处理后营养成分可大大改善,质地变软、黏,并具有酸香味,家畜喜食。发酵后的秸秆有15%~20%的粗纤维被分解,最高可达35%;粗蛋白增加50%以上,且含有18种氨基酸;粗脂肪增加60%以上,挥发性脂肪酸也显著增加。用仿生饲料饲喂牛,可以代替50%~80%的精料,其饲喂效果不低于正常的喂养水平。

(一)仿生饲料的制作条件

制作仿生饲料必须模仿反刍家畜瘤胃的主要生理条件,如恒定的温度(40℃左右),一定的酸碱度(pH6~8),厌氧环境,以及必要的氮、钙和其他矿物质营养等。

1.菌种来源

反刍家畜瘤胃的内容物或胃液是仿生饲料的菌种来源。采集瘤胃内容物或胃液的主要途径：

（1）从宰杀的健康牛、羊瘤胃中直接获取。

（2）用导管法收集，即选择健康的牛，利用虹吸原理，用胃导管将瘤胃的内容物吸出。为增加瘤胃内菌种的数量，在导取前3～5天，可给牛补饲适量的精料或优质豆科牧草等。

2.菌种的制作方法

将采集的瘤胃内容物，除去大块草段碎片后，放在40℃、101.325帕的真空干燥箱内干燥，然后将干燥的瘤胃内容物粉碎。一般600克瘤胃内容物可制得固体菌种100克左右。

3.原料

各种秸秆均可作为制作仿生饲料的材料，如玉米秸、麦秸、稻草等。

4.保持恒温

制作秸秆仿生饲料的关键是保持恒定的温度（40℃）。保温方法有以下几种：室内加热法，在制作仿生饲料的室内，设置火墙、火炉、土暖气等设备，室温保持在40℃以上；加热保温法，在发酵缸周围和底部修建火道或火墙烟道，利用烧火余热进行保温；覆盖保温法，用土坯或砖砌成一个池子，将发酵缸放在池子中间，在池子围墙和缸的中间及缸的底部添加保温材料（如草木灰、木屑、粉碎的保温瓦等）并踩实。发酵缸口处用土坯或砖铺平抹好，再盖上草帘。

5.添加营养物质

在制作秸秆仿生饲料（发酵）过程中，为保证瘤胃微生物的正常生长繁殖，需向秸秆中加入一定种类和数量的营养物质，并使pH保持在6～8。发酵时的碳源由秸秆本身供应一部分，不足的部分可通过添加麸子、玉米面等来补充;氮源用尿素或硫酸铵补充;酸碱度用碱性溶液和酸性磷酸盐类调节。

(二)秸秆仿生饲料的制作方法步骤

1.种子液的制作

种子液是制作仿生饲料的重要环节,需要经过两级发酵培养后,才能制成。

一级发酵,即原体扩大培养,将取得的新鲜瘤胃液扩大至7倍。其方法是:在一级种子缸内放入温度为45℃、体积为瘤胃液6倍量的水,再加入秸秆粉2%、精料或优质干草0.5%、食盐0.1%、碳酸氢铵0.6%~0.8%并搅拌均匀。当pH约为7.2、温度约为42℃时,接种新鲜的瘤胃液,并立即用塑料布封口、加盖,造成厌氧环境。密封2~3天后,观察滤纸崩解情况(详见后文"仿生饲料的品质鉴定"部分),作为分解纤维能力的指标,如果滤纸崩解即可。

二级发酵及菌种继代。二级发酵是将一级发酵液再扩大4倍,在同样的条件下继续发酵。原种继代一般可持续2~3个月。优质种子液的纤维分解率一般为15%~30%,真蛋白质约增加50%。如果达不到这两项指标,而且种子液发酵能力下降,滤纸在2~3天内不能崩解,则应重新制种。

2.秸秆仿生饲料的发酵步骤

(1)秸秆碱化预处理。即在每100千克切(铡)碎的秸秆中加入1%的石灰水(50℃)20千克左右,浸泡24小时后,使pH为6.5,温度为40℃左右。

(2)接种发酵。碱化预处理后,加入食盐0.3千克、碳酸氢铵或尿素1~2千克,搅拌均匀后加入二级种子液30千克,立即密封,于40℃的条件下保温发酵。在发酵的过程中,应每隔24小时搅拌1次,一般经2~3

天发酵即可完成。目前国内已有应用机械化、半机械化大型发酵装置，一次可调制1500千克仿生饲料。发酵过程中的搅拌，出料控制，各种饲料的均匀混合，以及通过管道输送到食槽，都由机械操作。

(三)仿生饲料的品质鉴定

1.看

经过24小时的发酵，质量好的秸秆仿生饲料，表层呈灰黑色，下部呈黄色，搅拌时发黏，形似酱油状态，汁液较多。开缸时测定其温度，应在40℃左右，pH为5~6，否则为发酵不好的饲料。

2.嗅

质量好的秸秆仿生饲料具有酸香味，略带瘤胃的膻臭味。一般豆科秸秆仿生饲料臭味较浓，禾本科秸秆则较淡；在原料相同的情况下，用硫酸铵比用尿素酸味大。如果有腐败或其他味道，说明原种已坏。此种饲料一般不宜用于饲喂家畜。

3.手感

将被检饲料抓在手里，质量好的秸秆仿生饲料纤维软化、发黏；如果质地较硬，与发酵前差别不大，说明发酵不充分，质量不好。

4.滤纸鉴定法

即将一滤纸条装在塑料纱网口袋内，置于距缸口1/3处，与饲料一同发酵。经48小时后，慢慢拉出，把塑料纱袋上的饲料冲掉，若滤纸条已断裂，说明发酵能力强，否则相反。

▶ 第四节　农作物秸秆的基质化

农作物秸秆基质化利用是把秸秆用作栽培基料，是秸秆资源化的有效途径之一。在无土栽培生产中,以秸秆为原料,结合辅料,根据生产配方制成培养基,不仅可用于食用菌栽培,还可用于植物育苗和植物栽培,起到固定、提供养分、促进生长和防病驱虫等作用,具有高产、优质、可避免土传病虫害及连作障碍等优势,能够促进中国农业生产现代化、规模化、集约化发展。

一　秸秆基质化技术原理

农作物秸秆中含有大量的有机质、氨、磷、钾、钙、镁、硅、硫和其他微量元素,是重要的有机肥源之一。秸秆栽培基质制备技术是以秸秆为主要原料,添加其他有机废弃物以调节碳氮比和物理性状(如孔隙度、渗透性等),同时调节水分使混合后物料含水率在60%～70%,再在通风干燥防雨环境中进行有氧高温堆肥,使其腐殖化与稳定化。原理是利用自然界大量的微生物(必要时接种外源秸秆腐解菌)对秸秆进行生物降解,微生物把一部分被吸收的有机物氧化成简单的可供植株吸收利用的无机物,把另一部分有机物转化成新的细胞物质以促使微生物生长繁殖,从而进一步分解有机物料。最终秸秆等原材料转化为简单的无机物、小分子有机物和腐殖质等稳定的物质。将堆扁稳定的物料破碎后,与泥炭、珍珠岩、蛭石、矿渣等材料合理配比,使其理化指标达到育苗或栽培基质所需的条件。

良好的栽培基质需具有固定支持植株,提供植株所需营养,透气、持水以及缓冲作用。因此,要求各种基质原材料在与其他材料合理配比并预处理之后具有足够的养分供给植株,具有适宜的紧实度与颗粒大小以满足通气透水的要求,同时材料可以减轻根系生长过程中产生的有害物质或外来有害物质对植株的危害,以提供植株所需的稳定的生长环境。单一或未经处理的原材料无法满足上述要求,而作物秸秆、畜禽粪便等

农业废弃物材料通过自身堆肥发酵、粉碎等处理之后与泥炭、珍珠岩、蛭石、矿渣等材料合理配比，改善基质容重、孔隙度、持水量、电导率、pH和养分有效性等理化性状，方可达到植株生长的要求。目前认为基质的容重、总孔隙度、粒径、大小孔隙比（气水比）和持水量等是比较重要的物理性状，而对作物有较大影响的主要有基质的化学组成及由此引起的化学稳定性、酸碱性、阳离子代换量、电导率和缓冲能力等。这些指标相互作用，共同影响基质的综合性能。

二 秸秆基质化栽培食用菌

食用菌是可供人类食用的大型真菌，是一种高蛋白、低脂肪，富含氨基酸、维生素、矿物质以及各种多糖且热量低的高级食品，对提高人体免疫力、防癌抗癌、抗衰老等具有明显的食疗作用，自古以来被誉为"山珍"。

食用菌的生产有占地少、用水少、投资小、见效快的特点，可把大量的农作物秸秆转化成可供人类食用的优质蛋白与健康食品，其培养基废料又是良好的农业有机肥料，是延长农业生产链和促进农业生态环境优化的重要组成部分，同时可安置大量农村剩余劳动力。以江苏省泰州市姜堰区为例，2005年姜堰区（当时是姜堰市）用不足全年总量10%（56000吨）的秸秆栽培食用菌，生产各类鲜菇近40000吨，总产值超过1亿元，安置剩余劳动力5000多人，产菇后的菌渣达28000吨，经过加工利用后可做绿色有机肥料以及无污染的高蛋白饲料。菌渣饲料利用后可再次进入新的生物循环，有效延长了生物链和食物链。

从物质和能量的利用角度看，农作物在生长过程中吸收了光、热、水、氧气，所积累的光合产物却有75%～90%是不能被人体所直接利用的秸秆和糠壳。而食用菌生产正是将这些"垃圾"按照科学的配方组合起来。食用菌菌丝体在纤维素酶的协同下,将农作物秸秆中的纤维素、半纤维素、木质素等顺利地分解成葡萄糖等小分子化合物,在自然界中最能起到降解作用,并将碳源转化成碳水化合物,将氮源转化成氨基酸,生产出集"美味、营养、保健、绿色"于一体的食用菌产品,使高蛋白质有机物进入新的食物链。因此,有些专家把食用菌产业比喻成农业的"垃圾处理厂",意思是说食用菌生产能科学而有效地利用农业、林业、畜牧业的秸秆、枝条木屑、畜禽粪便等"垃圾"。

分解后的肥料施入大田后,可大大提高地力、肥力,增加土壤腐殖质的形成,改善土壤理化结构,提高土壤持水保肥能力。同时,这些废弃的培养料因含有大量的蘑菇菌丝体,散发着浓郁的蘑菇香味,营养丰富,经处理后可作为畜禽的饲料添加剂,还可用来培养甲烷细菌产生沼气,用来养殖蚯蚓,蚯蚓又可作为家禽的饲料、鱼虾的饵料,家禽的粪便又可栽培食用菌,进入了新的生物循环。这样,有了食用菌这一环节,便形成了一个多层次搭配、多环节相扣、多梯级循环、多层次增值、多效益统一的物质和能量体系,构成了食物链和生态链的良性循环。这充分说明了食用菌产业在废物利用、资源开发、环境保护及农业可持续发展等方面的重要地位和作用。

当今,我国对食用菌的秸秆栽培技术处于国际领先水平,对食用菌栽培过程中的堆料、用水、覆土、菇房、菌种及环境等均有研究,对影响食用菌安全的危害因子分析及关键控制点研究也有报道,这些研究为秸秆基质化栽培食用菌提供了大量的理论基础。同时,二次发酵技术、反季节栽培技术、无公害栽培技术等先进技术相继研究成功,使秸秆栽培食用菌技术得以广泛推广应用。目前,秸秆栽培食用菌基质发酵处理的水平也在不断提高。采用秸秆生产食用菌,可以实现秸秆的资源化、商品化,对于清洁和保护农村环境,促进农民增收,建设资源节约型、环境友

好型社会,推进新农村建设都具有十分重要的现实意义。

1.技术原理

利用农作物秸秆生产食用菌主要是利用秸秆的肥料价值。植物光合作用的产物一般只有10%的有机物被转化为可供人类或动物食用的蛋白质和淀粉,其余皆以粗纤维的形式存在。包括稻草、小麦秆、玉米芯、玉米秆、甘蔗渣、棉籽壳等在内的农作物秸秆,其主要成分为纤维素、半纤维素和木质素,这些物质不能被人类直接食用,作为动物饲料营养价值也极低。但是食用菌中至少含有3种类型的纤维素酶,可以将纤维素分解为葡萄糖,也可以合成蛋白质、脂肪和其他物质。

食用菌降解农作物秸秆的原理:在适宜的条件下,真菌的菌丝首先用其分泌的超纤维氧化酶溶解秸秆表面的蜡质,然后菌丝进入秸秆内部,合成并分泌纤维素酶、半纤维素酯酶、内切聚糖酶、外切聚糖酶等。降解木质素的两个关键酶是木质素过氧化物酶和锰过氧化物酶,在活性氧的作用下,尤其是在过氧化氢的参与下触发一系列自由基链反应,从而达到对木质素的氧化。这些酶的联合使得木质素变成可溶性的小分子木质素残片。在这个过程中,真菌(也包括食用菌)得以生长。

2.秸秆栽培食用菌技术要点(图3-6)

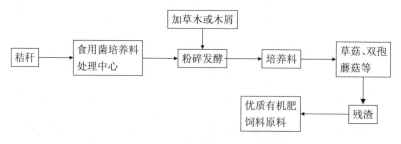

图3-6 秸秆生产食用菌技术路线图

(1)选择干燥无霉变的栽培材料

农作物收获后抓紧时间晒干秸秆,栽培前在强日光下暴晒2~3天,存放时防雨防潮。污染严重的禁止使用。

(2)选用优质适龄菌种

一是选用适宜各种秸秆的高产品种;二是选用生长势强、菌丝浓白、不易老化的优质适龄菌种。凡老化菌种或被杂菌污染的劣质菌种一律不能使用。

(3)秸秆的加工要粗细适宜

一般在粉碎机上用孔径为6毫米的筛加工成糠屑状。

(4)适当加大菌种用量

这是保证栽培成功的重要措施之一。菌种用量一般应占干料的20%左右,只有适当增加菌种用量才能保证食用菌的生长优势,在短期内长满栽培料。栽培时菌种不可掰得太碎,以红枣大小为宜。

(5)选用适宜的杀菌剂和添加剂

杀菌剂可选用双效灵、甲醛、食盐等,效果好于多菌灵。添加剂:一是营养型添加剂,主要有无机盐、维生素及混合成分的添加剂,如过磷酸钾、磷酸二氢钾、硫酸镁、维生素C、硼砂、石膏等;二是激素型添加剂,如萘乙酸、三十烷醇等,但在栽培中一定要严格控制添加数量;三是其他添加剂,如生石灰、碳酸钙、增氧剂等,以改善酸碱度和通气状况,促进菌丝的生长发育。

3.食用菌栽培原料

食用菌栽培原料主要有麦草、鸡粪、牛粪、豆秸、饼肥等主料和石膏、石灰、过磷酸钙等辅料。

(1)麦草

小麦秸秆含干物质95%,其中粗蛋白3.6%、粗脂肪1.8%、粗纤维1.2%、无氮浸出物40.9%、灰分7.5%。木质素含量变化于5.3%～7.4%;细胞壁成分含量变化于73.2%～79.4%。要求麦草微黄色,无粘连结块、淋

雨色斑,当年的质量最好。

(2)鸡粪

由于鸡所摄取的饲料不同,鸡粪中所含有的营养物质也有所差异。每千克鸡粪的干物质中有13.4~18.8千焦的总能量,其含氮量为30~70克。除此之外,鸡粪中还含有含氮非蛋白质化合物。通常情况下,它们是以尿酸和氨氮化物的形态存在的。鸡粪中的各种氨基酸也比较平衡,每千克干鸡粪中含有赖氨酸5.4克、胱氨酸1.8克、苏氨酸5.3克,均超过玉米、高粱、豆饼、棉籽等的含量。鸡粪的B族维生素含量也很高,特别是维生素B_{12}以及各种微量元素。以雏鸡粪和肉鸡粪的营养价值最高。

(3)牛粪

牛粪中含粗蛋白3.1%、粗脂肪0.37%、粗纤维9.84%、无氮浸出物5.18%、钙0.32%、磷0.08%,每千克含代谢能0.5672兆焦。以放牧的牛粪质量最好,其次是黄牛粪,最次是奶牛粪,所使用的牛粪一定要干燥无霉变。

(4)豆秸

豆秸是大农业生产中来源极为丰富的副产品,便于收集,降低生产投资成本,为菇农提高更多的经济效益。豆秸含氮2.44%、磷0.21%、钾0.48%、钙0.92%,有机质85.8%,含碳量为49.76%,碳氮比为20:1。采用豆秸栽培双孢菇,发菌速度快,出菇早。经发酵软化后的豆秸,提高了容量,缩小了体积,可使菌丝均匀生长,有利于营养积累。

(5)饼肥

饼肥是油厂加工大豆油后的下脚料。其蛋白质含量高,是麦皮的4.5倍。其粗蛋白含量为35.9%,粗脂肪含量为6.9%,粗纤维素含量为4.6%,可溶性糖类含量为34.9%,是一种氮素含量较高的有机营养物质。

（6）石膏

石膏又称硫酸钙，能溶于水，但溶解度小。石膏可直接补充双孢菇菌丝生长所需的硫、钙等营养元素，能减少培养料中氮素的损失，加速培养料中有机质的分解。石膏为中性盐类，虽然不能用来调节培养料的酸碱度，但具有缓冲作用，另外，在培养料中起到絮凝作用，使黏结的原料变得松散，有利于游离氨的挥发，进而改善培养料的通气性能，提高培养料的保肥力，促进子实体的形成。

（7）石灰

石灰即氧化钙，遇水变成氢氧化钙，呈碱性，常用于调节培养料的酸碱度。双孢菇培养料的石灰添加量为 2% ~ 4%。

（8）过磷酸钙

过磷酸钙又称磷酸石灰，是一种弱水溶性的磷素化学肥料。大多数为灰白色或灰色粉末，易吸潮结块，含有效磷酸15% ~ 20%。双孢菇培养料中添加过磷酸钙，可补充磷素、钙素的不足。由于过磷酸钙为速效磷，能促进微生物的发酵腐熟，还能与培养料中过量的游离氨结合，形成氨化过磷酸钙，防止培养料铵态氮的逸散。

4.几种常见食用菌培养料的选择与配置处理

（1）平菇

能够栽培平菇的原料主要有棉籽壳、玉米芯、木屑、麦秸、稻草、花生壳等。棉籽壳培养料物理性状较好，营养丰富，是栽培平菇的上等原料，产菇率一般在80% ~ 120%，生产中应用最普遍。棉籽壳培养料配方：棉籽壳99%，生石灰0.9%，多菌灵0.1%。棉籽壳培养料的发酵：将棉籽壳及辅料加水拌匀，依据原料的多少堆成圆锥形或长梯形，高度在1米左右，用塑料膜将料堆盖严。气温在15℃以上时，堆闷1天，原料堆内的温度即可到60℃以上，这时翻堆一次，再发酵6 ~ 8天，其间再翻堆2次。气温较

低时可延长发酵时间。发酵好的料可见大量白色或灰白色放线菌,并散发出大量的热气。

其他培养料如麦秸、稻草、花生壳等栽培时均应加入一定量麦麸或其他辅料,不进行发酵处理时,均应加入0.1%的多菌灵、2%～3%的生石灰,发酵处理时石灰用量可加大到5%～8%。

在培养料装袋前,要调节含水量在60%左右,一般在发酵前每100千克干料加水110～120千克。简易测量含水量的方法是用手紧握培养料,以指缝间见水而不下滴为度。

(2)香菇

由于段木栽培法需在林区生产的局限性,现多使用菌块栽培法。培养料主料可采用锯木屑、油菜秆、稻草粉、麦草粉、棉籽壳、甘蔗渣、玉米芯等。玉米秸秆培养料配方:玉米秸秆粉50千克,棉籽壳14.3千克,麦麸5千克,硫酸铵357.5克,石灰715克,石膏715克,加水150升,拌匀后堆积发酵。按常规发酵法管理,发酵完毕后摊开,待料温降至40℃时,趁热装箱或铺阳畦接种。菌种掰成直径2厘米大小的颗粒,穴播,每8～10厘米厚培养料播一层菌种,共播3层菌种,表面盖上1米左右的培养料,培养料上铺报纸,发菌期间应保持报纸湿润。

(3)双孢菇

双孢菇是草腐菌,能很好地利用多种草本植物秸秆和叶子中的多种营养,如稻草、麦秸、玉米秸、玉米芯等,但是需要有其他微生物先将其发酵腐熟,否则不能利用。因此,要先将培养料堆积发酵,再播种。培养料主料可采用麦秸、稻草、酒糟、玉米秸秆、牛粪、鸡粪等。其中,稻草培养料效果最好。中部地区传统配方:麦秸400千克,牛粪粉300千克,麦麸20千克,豆饼粉5千克,复合肥5千克,尿素1千克,石灰粉20千克,石膏粉8千克,轻质碳酸钙6千克,食用菌三维营养精素(拌料型)336克。预湿后进行堆垛发酵,垛形为宽度2米左右、高1.4米的长条形,易于翻堆操作,待料堆沉实后摊开、抖动、混合,淋水并重新堆垛,要经过大约6次翻堆,整个堆制周期约为28天。注意,牛粪应进行粉碎处理,最大颗粒在1厘米以下;使用鸡粪时,必须将之发酵彻底,最大限度地消除臭味,并进行杀虫处理,以免带虫入棚;酒糟原料应予晾晒,并增加石灰粉用量。

(4)鸡腿菇

培养料主料可采用玉米秸秆、麦秸、玉米芯、棉籽壳等。玉米秸秆培养料配方:玉米秸及麦秸各40%,麸皮15%,磷肥1%,尿素0.5%,石灰3.5%。发酵时应在堆上打眼以增加氧气发酵,不能进行厌氧发酵,否则易致培养料酸败、滋生杂菌。翻堆时要翻匀,内部料翻到外部,顶部料翻到下部。含水量少时,在翻堆前进行2次适量补水,使料含水量达到65%。

(5)草菇

培养料主料可采用稻草、麦秸、玉米秆、棉秆、棉籽壳等。麦秸培养料配方:麦秸粉50千克,玉米面或麦麸5千克,豆饼1千克,磷肥1千克,石灰2.5千克。选择原料时,要选择新鲜、颜色正常、没有霉变的原料。发酵过程:碾压、切断后,用2%的石灰水浸泡24小时后捞出,再加入辅料拌匀后堆成长方形或圆形的堆。一般堆高60~80厘米,覆盖塑料薄膜,春秋季节外界温度较低时,在薄膜上加盖草帘。堆料后第二天堆内温度可达40~50℃,第三天可达60℃以上,此时要翻堆,并测试酸碱度。若pH不到8,可增加石灰粉进行调整。翻堆后温度再上升到约60℃,再翻1次。发酵时间一般为5天左右。发酵好的原料质地柔软,表面蜡质已脱落,手握有弹性,呈金黄色,有香味,无异味,含水量为70%左右,pH为8~9。棉籽壳培养料配方:棉籽壳50千克,石灰粉2.5千克。处理较为简单,按棉籽壳的量加入7%~8%的石灰粉,堆积发酵2~3天,也可直接加入石

灰水拌匀后堆闷1~2小时,测定pH在10~12即可,若不够,再加入适量的石灰粉。

(6)黑木耳

适用的培养料配方有以下几种:棉籽壳94%,麦麸4%,石膏1%,过磷酸钙1%;棉籽壳62%,木屑30%,麦麸6%,石膏1%,过磷酸钙1%;蔗渣74%,稻草(麦草)粉20%,麦麸4%,玉米粉1%,石膏1%。按常规方法拌料,在上述配方中另加石灰1%~2%,含水量达60%,灭菌前pH为8~8.5。

5.注意事项

(1)主料不宜粉碎得太细,如果太细,可加入麦糠等改善其通气状况。

(2)添加的高营养物质要进行提前消毒。

(3)注意后期通气。杂料栽培食用菌后期,发菌速度明显降低,可加入适量增氧剂或打通气孔。

(4)后期多采用覆土或垒菌墙来补水、补养。

三 玉米秸秆基质绿色种植技术

1.技术原理

利用玉米秸秆为主要原料,辅以畜禽粪便,应用好氧堆肥技术,经高温堆制、无害化处理并根据作物生长特性,合理添加灰渣等材料加工成秸秆栽培基质,用以替代土壤进行绿色农产品生产(图3-7)。该模式在降低环境污染和资源浪费的同时,可为绿色种植提供大量成本低廉、养分充足、无农药病害残留的栽培基质,有效降低种植过程中农药和化肥施用量,解决了目前水稻和果蔬育苗生产上面临的"取土难、取土不安全,破坏耕地"等难题,实现了秸秆高值化利用。

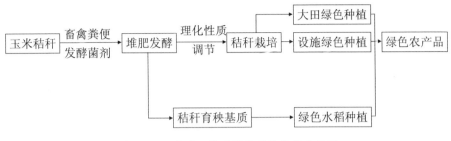

图3-7　玉米秸秆基质绿色种植技术流程图

2.技术操作要点

利用机械收集粉碎田间的玉米秸秆或将秸秆粉碎成10厘米以内的碎块,尽可能选择田边,不用洼地、荒地和荒沟作为发酵场地。按秸秆和畜禽粪便4:1的比例混拌均匀(比例可根据情况适当调整),撒施秸秆腐熟剂。肥堆的高度以1.5～2米为宜,待堆积完毕,堆面用3～4厘米厚泥土或塑料布封堆。适时翻堆。

腐熟的秸秆可直接用于大田或设施作物栽培,在有连作障碍的设施土壤上应铺设环保塑料薄膜,覆盖25～30厘米厚秸秆栽培基质即可满足作物种植要求。

将腐熟的秸秆粉碎至40～60目,加入灰渣将基质容重调节至0.5克/厘米^3,再添加一定量的具有保水、保肥、调酸等作用的材料即可制成水稻育秧基质。

3.适宜区域

该模式适宜推广的区域为东北地区的大部分粮食主产区。

第五节 农作物秸秆的原料化

一 农作物秸秆原料化

1.概念

农作物秸秆原料化是指以秸秆为原材料,采用一系列生产工艺制备各种工业原料的技术,包括秸秆造纸,板材加工(高品质秸秆纤维粉体、纤维塑性材料、树脂强化型复合型材、树脂轻质复合型材、包装制品、新型秸秆合成型材),生活用品加工(生物质秸秆塑料),净化功能材料(生物活性功能材料、改性碳基功能材料),秸秆有机化工(淀粉、木糖醇、羧甲基纤维素、糖醛和木聚糖酶生产等)和秸秆编织等(图3-8、图3-9)。

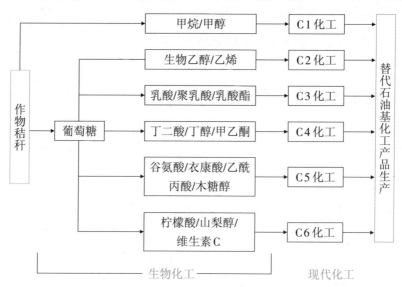

图3-8 农作物秸秆原料化利用(纤维素路线)

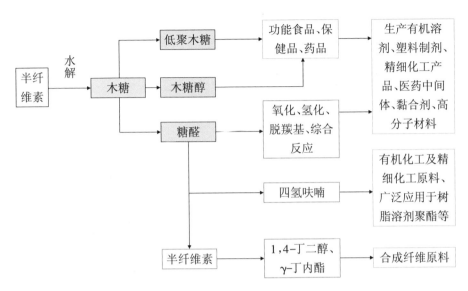

图3-9　农作物秸秆原料化利用（半纤维素路线）

2.秸秆原料化的作用

农作物秸秆内含有丰富的纤维素、半纤维素、木质素、低分子化合物（果糖、葡萄糖、蔗糖等）、粗蛋白等，是具有良好的生物降解性的材料，属于可再生资源。我国实施禁止焚烧秸秆的政策后，大量堆积的秸秆不仅是对资源的浪费，也占用了大量的土地资源，同时容易对周围环境造成不利影响。因此，秸秆资源化利用成为我国要解决的重要问题。农作物秸秆原料化增加了秸秆的利用方式，在避免了资源浪费的同时，也促进了相关行业的发展。

3.秸秆原料化的意义

农作物秸秆原料化增加了秸秆的利用方式，提高了农作物秸秆的附加值，也促进了我国农村产业化发展；在使农民增收的同时解决了秸秆堆积问题，避免出现焚烧秸秆的现象，也对我国实施乡村振兴战略有着促进作用。

农作物秸秆原料化不仅符合国家可持续绿色发展的理念，而且在秸

秆原料化利用中产生的CO_2远小于农作物生长中吸收的CO_2,对我国早日实现"碳中和"有重要作用。

4.秸秆原料化的发展前景

农作物秸秆作为原料的应用前景是十分广阔的,许多公司在相关政策的支持下将秸秆变废为宝。在秸秆的产业化利用中,做原料是其附加值最高的一种方式。

而且随着近年来科技的发展,秸秆作为原材料的应用场景被进一步拓宽。国家发展改革委和生态环境部于2020年初印发了《关于进一步加强塑料污染治理的意见》,市场对以聚乳酸为代表的可降解材料需求量大幅上升。而为了保证聚乳酸的供应,需大规模种植玉米等原料。如果利用秸秆等农业废弃物生产聚乳酸,不仅降低了对粮食的消耗,维护了粮食安全,也减少了秸秆带来的环境问题,更是对资源的充分利用。

以目前的形势来看,秸秆原料化利用产业发展速度较快,从秸秆中提取聚乳酸的技术在量产的道路上才刚起步。在我国近年来开展的"十四五"全国秸秆综合利用工作以及颁布"禁塑令"等相关政策的支持下,秸秆原料化利用未来仍大有可为。

(二) 农作物秸秆编织技术

1.秸秆编织简介

秸秆编织起源于草编,最早有记载的是西周时期的《礼记·典礼下》:"天子六工:曰土工、金工、石工、木工、兽工、草工,典制六材。"因此,在当时草编作为工艺已经被统治者肯定并被记载。随着时代的发展,秸秆、藤条、竹子等作为编织材料运用于生活中。我国作为农业大国,秸秆资源丰富,秸秆编织自然也广泛存在。许多地方的人们使用秸秆作为原料编织日用品或工艺品,例如草帽和秸秆编的小动物等。

2.秸秆编织网技术

(1)技术简介

编织网在生活中用途广泛,目前以塑料材质为主,但塑料编织网在环境中难降解的特性让我们在使用时比较谨慎。秸秆编织网技术的出现使塑料的使用量降低,有利于保护环境。

秸秆编织网技术是利用专业机械将水稻和小麦等作物的秸秆编织成草毯的技术(图3-10)。秸秆编织网可用于河岸护坡、公路和铁路路基护坡、矿山和城镇建筑场地渣土覆盖、垃圾填埋场覆盖、风沙防治等方面。如果需要草毯长草以提高工程的防护效果,可以在编织草毯的过程中掺入草种和营养物质等,达到快速生草的目的。

图3-10　秸秆编织草毯

(2)主要参考的技术标准与规范

《公路边坡植被防护工程施工技术规范》(DB33/T 916—2014)

《公路边坡植物纤维毯施工技术规程》(DB34/T 3270—2018)

《生态护坡植被网垫应用技术规程》(DB13/T 5319—2020)

(3)技术优点

秸秆编织网的好处是明显的,主要有以下三点:

一是生态环保。秸秆可以自然分解,秸秆编织网对环境的污染极

小,可以有效替代很多地区的塑料编织网,减少塑料对环境的污染。

二是绿化和保湿效果好。秸秆编织网有利于降低土壤水分的蒸发量,在自然腐解后也可以为土壤提供丰富的有机质和氮、磷、钾等营养元素,促进植被的快速萌发和生长。

三是防护效果好。相比其他编织网,秸秆编织网更加密实,在固坡和防风固沙方面都具有很好的效果。

(4)注意事项

铺设编织网需要注意以下几个方面:

第一,防火。秸秆编织网不具有耐火性能,铺设后应注意防火。

第二,秸秆编织网主要用于永久性和半永久性护坡工程。

第三,如需在编织网中掺入草种,则要选择适应当地自然环境条件的品种。

第四,适用的秸秆主要为水稻秸秆和小麦秸秆等。

三 农作物秸秆墙体技术

1.技术简介

秸秆墙体技术是指以秸秆及其制品为原料建造各类建筑物墙体的技术。秸秆墙体主要有两类,一类是将秸秆板作为秸秆墙体,主要用于各类房屋的建造;另一类是以秸秆草砖作为保温层或填充料建造秸秆墙体,主要用于农业温室大棚、农产品保温保鲜库等设施的建造。

2.主要参考的技术标准与规范

《建筑用秸秆植物板材》(GB/T 27796—2011)

《绿色产品评价墙体材料》(GB/T 35605—2017)

《墙体材料术语》(GB/T 18968—2019)

3.技术优点

秸秆墙体的技术优点主要有以下三点：

一是减少了对传统砖料的使用，节省了制造传统砖料的土壤，保护了土地资源。

二是秸秆墙体在保温隔热上具有优良的性能，可以降低对电能的损耗。

三是与传统的砖墙或土墙温室大棚相比，秸秆墙体占地面积较少，保温调湿效果更好，且可增加CO_2浓度，更有利于植物生长。在墙体拆除后可以就地还田，经济性较好且有利于环保。

4.注意事项

秸秆墙体的建造和使用中需要注意以下几个方面：

第一，防水。秸秆墙体在压制过程中需要保证秸秆含水率在15%以上，生产的秸秆块和堆砌的秸秆墙体要做好防水防雨的工作。

第二，防火。秸秆墙体不耐火，在建造和使用过程中需要远离火源，做好防火工作。

第三，定期检查。在使用过程中为了防止墙体秸秆变形以及墙体下沉、开裂情况的出现，需要定期对墙体进行检查。

第四，适用的秸秆主要为小麦秸秆、水稻秸秆、玉米秸秆等。

（四）农作物秸秆人造板材生产技术

1.技术简介

秸秆人造板材是指以秸秆为原料，经过预处理后，在热压、涂脂、再经热压等一系列工序制造而成的轻质板材。秸秆人造板材具有轻质高强、保温隔热等性能，是一种环境友好型材料。

目前，我国已成功开发出麦秸刨花板、稻草纤维板，以及玉米秸秆、

棉秆、葵花秆碎料板等多种秸秆人造板材。

2.主要参考的技术标准与规范

《麦(稻)秸秆刨花板》(GB/T 21723—2008)

《浸渍纸层压秸秆复合地板》(GB/T 23471—2009)

《浸渍胶膜纸饰面秸秆板》(GB/T 23472—2009)

《建筑用秸秆植物板材》(GB/T 27796—2011)

《浸渍纸层压秸秆复合地板》(GB/T 23471—2018)

3.技术优点

秸秆人造板材可部分替代木质板材,用于家具制造和建筑装饰、装修,秸秆人造板材的开发利用不仅有效缓解了人造板材行业对木材资源的依赖,以草代木,还可大幅增加秸秆的附加值,具有节材代木、保护林木资源、维护生态平衡的作用。而且目前我国秸秆板材胶黏剂已实现零甲醛。

4.注意事项

制造秸秆人造板需要注意以下几个方面:

第一,预处理。对于秸秆原料,应该注意防霉变,处理后的原料含水率需控制在6%~8%。在使用前要除去石子、泥沙及谷粒等杂质。

第二,在制造秸秆人造板的热压过程中存在粘板和施胶不均匀的情况,应当采取适当的措施和技术克服这一问题。

第三,适用的秸秆主要为小麦秸秆和水稻秸秆等。

（五）秸秆制作环保塑料

1.环保塑料简介

塑料自20世纪初期被发明以后,现已被广泛用于生产生活中。塑料在给人类生产生活带来了巨大便利的同时,也给环境带来了"白色污染"。随着人们对生态环境保护的日益重视,环保塑料应运而生。

环保塑料由于容易被分解,是环境友好型的新型材料。环保塑料的运用可以减少难降解塑料的使用量,对于生态环境的保护具有积极意义。秸秆可以作为制作环保塑料的原材料之一。

环保塑料可以分为生物降解塑料和生物基塑料。

生物降解塑料:是指通过自然存在的微生物(如细菌、真菌、藻类等)的活动,能被完全分解为二氧化碳和水的高分子材料。

生物基塑料:是指生产原料全部或部分来源于生物质的高分子材料。从草本植物或者树木中提取的成分,如通过大气中二氧化碳的光合作用产生的淀粉、纤维素、半纤维素、木质素、植物油等,都可以作为生产原料的生物质。

两者之间的区别在于生物降解塑料的环保属性来自材料的生物可降解性能,与其原材料是来源于非可再生的石油资源,还是来源于可再生的生物质资源无关;而生物基塑料被焚烧后,来源于生物质的部分会变成二氧化碳和水。

2.秸秆聚乳酸技术

(1)技术简介

聚乳酸(PLA)是一种新型的生物降解材料,具有良好的生物可降解性,以及一定的耐菌性、阻燃性和抗紫外线性,因此用途十分广泛。

秸秆聚乳酸生产是秸秆经粉碎、蒸汽爆破预处理提取纤维素,纤维素经酶水解或酸水解转化为糖类化合物,再通过添加菌种将糖类化合物发酵制成高纯度的乳酸,乳酸再通过化学合成等工艺技术环节生成具有一定分子量的聚乳酸。

聚乳酸的合成一般有直接缩聚法和间接聚合法。直接缩聚法是用乳酸或乳酸衍生物作为原料在真空条件下脱水聚合成聚乳酸。间接聚

合法是由乳酸脱水缩合生成丙交酯后,再开环聚合为聚乳酸。此外,最近国外有学者尝试培育或者筛选合适的生物在体内直接合成聚乳酸。

(2)主要参考的技术标准与规范

《聚乳酸》(GB/T 29284—2012)

《聚乳酸纤维制品成分定性分析方法》(SN/T 2681—2010)

(3)技术优点

聚乳酸制品在废弃后的处理过程中不会产生有毒有害气体,而且生物相容性良好,可用于生产一次性输液用具、免拆型手术缝合线等医疗用品,还可用于生产可降解农用地膜,对我国许多行业的可持续绿色健康发展有重要意义。

(4)注意事项

制造聚乳酸需要注意以下几个方面:

第一,聚乳酸脆性较大,在制备聚乳酸复合材料时需对其进行增韧改性或增强改性处理。

第二,聚乳酸热变形温度较低,其制品不宜用于加热,运输时也要注意控制温度。

第三,适用的秸秆主要为玉米秸秆、小麦秸秆和水稻秸秆等。

(六) 秸秆复合材料生产技术

1.技术简介

秸秆复合材料,也可以称为木塑复合材料,是指以秸秆纤维为主原料,添加一定比例的高分子聚合物等填料,经过多种工序加工形成的一种合成材料。秸秆复合材料所用的秸秆均为低值甚至负值的生物质资源,经过一部分工艺处理后就可以成为木质性的工业原料。

秸秆复合材料工业化生产中所采用的主要成型方法,有挤出成型、热压成型和注塑成型三大类。

秸秆复合材料制备技术主要包括秸秆/树脂轻质复合型材制备、高品质秸秆纤维粉体加工、秸秆/树脂强化型复合型材制备、秸秆生物活化功能材料制备、秸秆改性碳基功能材料制备、超临界秸秆纤维塑化材料制备等。

2.主要参考的技术标准与规范

《建筑模板用木塑复合板》(GB/T 29500—2013)

《木塑地板》(GB/T 24508—2020)

《木塑家具板材》(JC/T 2436—2018)

《建筑用木塑复合板应用技术标准》(JGI/T 478—2019)

《木塑复合外挂墙板》(LY/T 2715—2016)

《挤出成型木塑复合板材》(LYIT 1613—2017)

《木塑地板生产综合能耗》(LY/T 2919—2017)

《环境标志产品技术要求　木塑制品》(HJ 2540-2015)

3.技术优点

秸秆复合材料技术的应用能够充分体现我国资源综合利用和可持续发展的理念。秸秆复合材料根据不同的原材料配比和工艺流程制造而成的产物差别较大,其制成品具有很广的延伸性和多元性,可以减少我国木材的用量,具有节材代木、保护林木资源的作用。

4.注意事项

第一,与加工塑料相比,秸秆复合材料生产有许多新的特性和要求。

第二,使用秸秆复合材料生产的产品对模具的依赖程度极高,模具的质量关乎产品的好坏。

七 秸秆清洁制浆技术

1.制浆技术简介

将造纸原料分散为单根纤维的过程叫制浆,获得的产品称为纸浆。制浆的基本过程如下:

备料 ⟶ 制浆 ⟶ 洗涤 ⟶ 筛选 ⟶ 漂白 ⟶ 纸浆

现代的造纸程序可分为制浆、调制、抄造、加工等主要步骤,其中制浆为造纸的第一步。

2.秸秆清洁制浆技术简介

秸秆清洁制浆技术主要是针对传统秸秆制浆效率低、水耗能耗高、污染治理成本高等问题,采用新式备料高硬度置换蒸煮+机械疏解+氧脱木素+封闭筛选等组合工艺,降低制浆用量和黑液黏度,提高制浆得率和黑液提取率。

目前,秸秆清洁制浆技术主要有膨化制浆技术、氧化法清洁制浆技术、DMC(digesting wish material cleanly)制浆技术、生物制浆技术。

膨化制浆技术是从爆破制浆技术演化而来的,利用高温高压蒸汽对秸秆进行蒸煮。该技术在生产过程中不需要添加任何化工原料,属于无化学环保制浆。

氧化法清洁制浆是指用含氧或有氧化机制的化学品来完成制浆的技术方法,如用碱性过氧化氢、氧气加碱性过氧化氢以及利用特殊技术手段产生含氧自由基作为制浆药剂等方法都属于氧化法制浆技术范畴。氧化法制浆过程中污染物产生少、排放少,因此成为很多浆纸企业和研发单位的研究重点。

DMC技术是常温常压下在切碎的秸秆中加入DMC催化剂,软化、分解纤维素,再经过一些工序脱水成浆。DMC制浆技术的核心在于DMC

催化剂和DMC絮凝剂。催化剂主要为有机物和无机盐,絮凝剂由果胶和淀粉配制而成,对人体及金属物无腐蚀作用。DMC技术与传统技术相比,其在制浆过程中没有污染物的排放,也没有二次污染,对环境较为友好。

生物制浆是用生物作用来替代传统的化学药品在制浆的一些环节中的作用。生物制浆过程中产生的废水可生化性好,易处理回用。

3. 主要参考的技术标准与规范

《清洁生产标准造纸工业(漂白碱法蔗渣浆生产工艺)》(HJ/T 317—2006)

《清洁生产标准造纸工业(漂白化学烧碱法麦草浆生产工艺)》(HJ/T 339—2007)

《清洁生产标准造纸工业(硫酸盐化学木浆生产工艺)》(HJ/T 340—2007)

《造纸麦草收购质量标准》(DB41/T 529—2008)

《麦草制浆造纸单位产品能源消耗限额》(DB 622217—2012)

4. 技术优点

秸秆作为造纸原料可以解决一部分在秸秆禁烧后的秸秆利用问题,对我国农业健康持续发展有着重要意义。而且与传统秸秆制浆工艺相比,秸秆清洁制浆技术对环境的影响更小,制浆废液也可以通过浓缩造粒技术生产腐殖酸、有机肥,实现无害化处理和资源化梯级利用,提升全产业链的附加值。

5. 注意事项

制造纸浆需要注意以下几个方面:

第一,注重对黑液、溶剂的回收处理,切实实现无污染、零排放。

第二,积极开展水循环利用,节约用水。

第三,适用的秸秆主要为玉米秸秆、棉花秸秆、小麦秸秆和水稻秸秆等。

八 秸秆合成木聚糖

1.技术简介

农作物秸秆中含有大量的纤维素和半纤维素,在半纤维素中存在着丰富的木聚糖结构,木聚糖主要由木糖单元组成。尤其是禾本科植物的半纤维素中存在着丰富的D-木糖结构单元,采取一定的方法来降解半纤维素,可制得这些D-木糖。目前所采用的方法主要有酸水解法、微波辅助酸水解法和酶解法。木糖和木糖醇因其独特的生理特性和理化性能,在食品和医药等领域有着广泛的应用。

秸秆中的半纤维素在水解后得到的木糖在一定的条件下可以转化成木糖醇。目前使木糖转化为木糖醇所采用的方法主要有微生物发酵法和催化加氢法。

木糖醇是一种天然、健康的甜味剂,木糖醇在体内的新陈代谢不需要胰岛素参与,而且不会使血糖值升高,也可以消除糖尿病患者的多饮、多尿、多食的症状,因此是糖尿病患者安全的甜味剂、营养补充剂和辅助治疗剂。

2.技术优点

使用农作物秸秆作为制备木糖醇的原料,增加了对秸秆的利用方式,使农业废弃物变废为宝,使资源得到有效利用,在保护环境的同时可以提高农民收入。

3.技术存在的问题

将秸秆中半纤维素的木聚糖转化为木糖醇还存在着许多的问题,包括:如何尽量提高半纤维素水解转化木糖的产率;如何提高纯化效率,降低木糖的损失率;如何使木糖催化还原制备木糖醇工艺中木糖醇产物的纯度和转化率尽量高。

4.注意事项

在利用农作物秸秆提取木糖和木糖醇时需要注意以下几点:

第一,农作物秸秆中不仅含纤维素、半纤维素、木质素等有利用价值的成分,还含有金属离子、化肥和农药等成分,如不能将这些成分去除,则得到的产品质量会偏低、生产成本会提高。

第二,在水解时添加的酸液在水解后需要做进一步处理,防止对后续的生产环节造成较大的影响。

第四章　农作物秸秆综合利用的保障措施

第一节　统一思想认识，加强组织领导

一　扩大宣传，提高公众农业环保意识

目前，大多数人还没有意识到作物秸秆不合理处置对农业生态环境和人体健康造成的潜在危险。因此，应进行广泛宣传，加强教育，提高群众的环保意识，使人们充分意识到作物秸秆合理处置的重要性以及推进生态农业发展的必要性，调动广大公民参与到农业废弃物资源化利用的行动中推动生态循环农业发展，最终促进秸秆资源化利用与生态环境保护相结合。

1. 加大宣传教育，增强公众意识

充分利用各种媒介，采取多种形式，广泛开展宣传教育活动。要充分发挥新闻媒体舆论引导和监督作用，营造农作物秸秆禁烧和综合利用的浓厚氛围，重点突出农作物秸秆综合利用的重要意义，凸显农作物秸秆综合利用工作亮点，打造农作物秸秆综合利用示范样板，培育壮大农作物秸秆综合利用市场主体，增强辐射带动效应，加快秸秆综合利用技术推广普及，积极争取农民群众的支持和参与，提升秸秆综合利用水

平。深入持久地宣传相关法律法规,结合各种普法活动,积极开展农业环境保护法制教育活动。通过举办"作物秸秆禁烧、秸秆资源化利用和变废为宝"等大型宣传活动,配合农业面源污染治理的重点工作,披露和批评违法违纪行为,宣传报道先进典型经验,增强全社会保护农村环境和坚持农业可持续发展的意识。

2.加强公益性的秸秆利用宣传和科学普及,提高全民资源和环境意识

坚持不懈地采取各种手段和形式,普及农业环境保护方面的知识,以提高全社会的农业生态环境意识,使各级行政领导和广大群众认识到合理开发、利用农业资源和保护农业生态环境的重要性。加强法制宣传也是十分必要的,要让人们都能意识到,作物秸秆资源化利用是重视环境保护和实现生态循环农业的重要方面,特别是地方领导干部和农业部门工作人员能从战略的高度领会秸秆资源化利用和加强农业环保的重要性(图4-1)。

图4-1　秸秆利用宣传和科学普及

（二）加强组织领导,严格责任落实

各级党委、政府坚持作物秸秆资源化利用是一项具有战略意义的长期工作,纳入可持续发展战略之中,列入议事日程,切实加强领导。各级

主管部门可以成立农作物秸秆综合利用领导小组,发挥统筹协调作用,明确分工、压实责任、精准施策、合力推进,形成政府统一领导、部门密切配合的良好工作格局,全力推进农作物秸秆综合利用。领导小组由各级部门负责人组成,并设办公室负责日常工作。地方党委、政府应切实加强对当地作物秸秆处置工作的监督和管理,确保合理利用目标顺利实现。

第二节　加强组织管理和监督

一　法律法规措施

秸秆综合利用事关粮食安全、生态文明与乡村振兴。加大推广成熟适用的秸秆综合利用技术,对于提升耕地地力,如期实现双碳目标、改善农民生活质量等具有重要的推动作用。国家对秸秆综合利用一直非常重视,先后出台了一系列的关于农作物秸秆综合利用的法律法规。

在2002年修订的《中华人民共和国农业法》中第六十五条规定:"农产品采收后的秸秆及其他剩余物质应当综合利用,妥善处理,防止造成环境污染和生态破坏。"

2008年发布的《中华人民共和国循环经济促进法》中第三十四条规定:"国家鼓励和支持农业生产者和相关企业采用先进或者适用技术,对农作物秸秆、畜禽粪便、农产品加工业副产品、废农用薄膜等进行综合利用,开发利用沼气等生物质能源。"

2014年修订的《中华人民共和国环境保护法》中第四十九条规定:"各级人民政府及其农业等有关部门和机构应当指导农业生产经营者科

学种植和养殖,科学合理施用农药、化肥等农业投入品,科学处置农用薄膜、农作物秸秆等农业废弃物,防止农业面源污染。"

2015年修订的《中华人民共和国大气污染防治法》则进一步明确各级人民政府及其农业行政等有关部门的主体责任,明确了要建立秸秆收集、贮存、运输和综合利用服务的体系。其中第七十六条规定:"各级人民政府及其农业行政等有关部门应当鼓励和支持采用先进适用技术,对秸秆、落叶等进行肥料化、饲料化、能源化、工业原料化、食用菌基料化等综合利用,加大对秸秆还田、收集一体化农业机械的财政补贴力度""县级人民政府应当组织建立秸秆收集、贮存、运输和综合利用服务体系,采用财政补贴等措施支持农村集体经济组织、农民专业合作经济组织、企业等开展秸秆收集、贮存、运输和综合利用服务";第七十七条规定:"省、自治区、直辖市人民政府应当划定区域,禁止露天焚烧秸秆、落叶等产生烟尘污染的物质";第一百一十九条规定:"违反本法规定,在人口集中地区对树木、花草喷洒剧毒、高毒农药,或者露天焚烧秸秆、落叶等产生烟尘污染的物质的,由县级以上地方人民政府确定的监督管理部门责令改正,并可以处五百元以上二千元以下的罚款。"

2018年通过的《中华人民共和国土壤污染防治法》第二十九条第五款规定:"综合利用秸秆、移出富集污染物秸秆。"

随着时间的推移,国家对农作物秸秆综合利用的法规也日趋完善,将进一步推动农作物秸秆的综合利用。

(二) 政策引导措施

为促进秸秆产业的持续发展,国家相关部门相继发布了一系列文件,对农作物秸秆的综合利用出台了相关意见。2008年,国务院办公厅印发《关于加快推进农作物秸秆综合利用的意见》(国办发〔2008〕105

号),提出地方各级人民政府是推进秸秆综合利用和秸秆禁烧工作的责任主体;建立由国家发展改革部门会同农业部门牵头、各有关部门参加的协调机制;国家发展改革委会同农业部指导地方做好规划编制工作,农业部指导地方开展秸秆资源调查,科技部会同农业部等部门抓好技术研发和推广工作,财政部会同有关部门抓紧制定出台具体的财税扶持政策,环境保护部牵头抓好秸秆禁烧工作等。力争到2015年,全国秸秆综合利用率超过80%。为此,国家发展改革委会同农业部编制了《秸秆综合利用技术目录(2014)》,进一步指导各地推广实用成熟的秸秆综合利用技术。自文件发布以来,全国各地区、部门积极采取了有效措施,农作物秸秆的禁止露天焚烧和综合利用工作取得了积极工作进展,整体上农作物秸秆的综合利用水平得到显著提高。

2015年,国家发展改革委会同农业部、财政部、环境保护部联合印发了《关于进一步加快推进农作物秸秆综合利用和禁烧工作的通知》(发改环资〔2015〕2651号),明确总体要求和主要目标,力争到2020年全国秸秆综合利用率达到85%以上,在人口集中区域、机场周边和交通干线沿线以及地方政府划定的区域基本消除露天焚烧秸秆现象。

2016年,国家发展改革委办公厅会同农业部办公厅印发了《关于印发编制"十三五"秸秆综合利用实施方案指导意见的通知》(发改办环资〔2016〕2504号),提出坚持"农业优先、多元利用,统筹规划、合理布局,市场导向、政策扶持,科技推动、试点先行"的原则,围绕秸秆"五料化"利用和收储运体系建设等领域,推动秸秆综合利用工作。农业部办公厅会同财政部办公厅印发了《关于开展农作物秸秆综合利用试点促进耕地质量提升工作的通知》(农办财〔2016〕39号),选择农作物秸秆焚烧问题较为突出的河北、山西、内蒙古、辽宁、吉林、黑龙江、江苏、安徽、山东、河南10省(自治区)开展秸秆综合利用试点。明确要求通过开展秸秆综合利用试点,秸秆综合利用率达到90%以上或在上年基础上提高5个百分点,基本杜绝露天焚烧;秸秆直接还田和过腹还田水平大幅提升;耕地土壤有机质含量平均提高1%,耕地质量明显提升;秸秆能源化利用得到加强,农村环境得到有效改善;探索出可持续、可复制推广的秸秆综合利用技术路线、模式和机制。

2019年,农业农村部办公厅印发了《关于全面做好秸秆综合利用工作的通知》(农办科〔2019〕20号),决定开始全面推进秸秆综合利用工作,要求各省农业农村部门遴选一批秸秆资源量大、综合利用潜力大的县(区、市),整县推进秸秆综合利用,推动县域秸秆综合利用率达到90%以上或比上年提高5个百分点。

2021年,农业农村部会同国家发展改革委编制了《秸秆综合利用技术目录(2021)》,进一步在《秸秆综合利用技术目录(2014)》的基础上修订完善。与2014版相比,从总体框架来看,修订版技术目录沿袭已有肥料化、饲料化、原料化、燃料化和基料化五个方面,分门别类地介绍了秸秆利用技术。在每一技术类别中,又根据不同的技术内容细分为若干技术条目。与2014年版本相比,修订版技术目录新增了11项技术条目。而对每个技术条目,分别从技术类别、技术名称、技术内涵与技术内容、技术特征、技术实施注意事项、适宜秸秆、可供参照的主要技术与规范7个部分逐一进行论述,以便应用者对每一项技术都能有一个简洁而又全面的了解。

2022年,农业农村部办公厅印发了《关于做好2022年农作物秸秆综合利用工作的通知》(农办科〔2022〕12号),明确在2022年建设300个秸秆利用重点县、600个秸秆综合利用展示基地,全国秸秆综合利用率保持在86%以上。

三 强化监督管理

贯彻落实已出台的一系列法律法规,走依法治理、依法管理的路子,建立和完善面源污染防治和秸秆资源化利用的地方标准,使治理工作有法可依,有章可循。强化行政执法职能,尽快建立起一支懂法律、障政策、尽职尽责的执法队伍,加大对违法案件的及时查处。强化监督管理,可以形成农业废弃物的合理处置模式,减轻农业面源污染,促进农业资源的高效利用。开展农业生产废弃物处理监督管理,加快作物秸秆的资源化处理进程。

▶ 第三节 农作物秸秆综合利用的经济调控措施

经济措施是一项重要的调节措施,经济生态补偿和农业环境污染的经济罚款等措施,对于实现作物秸秆资源化利用具有重要的现实意义。通过秸秆禁烧、有机肥替代化肥等方面的生态补偿,可以缓解或解决农业生产中的秸秆焚烧问题和化肥过量施用问题。坚持国家、地方、集体、个人一起上的方针,多层次、多渠道、全方位筹集资金,鼓励企事业单位、集体和个人等参加到秸秆资源化利用的试点和示范工程中。对于造成农业面源污染较重的作物秸秆处置不当问题,通过经济罚款方式,既可以减少农作物秸秆处置不当引起的农业面源污染,又可以筹措资金,用于作物秸秆的资源化利用工程,尤其秸秆焚烧的惩罚措施,对于减少或消除各地秸秆焚烧,起到了积极作用。

随着农作物秸秆综合利用途径的日趋完善,近年来中央财政加大了对农作物秸秆综合利用财政支持力度,强化了对农作物秸秆综合利用经济调控,主要措施体现在支持秸秆肥料化利用、增加秸秆还田农机补贴、支持秸秆饲料化利用、支持秸秆基质化利用、支持秸秆收储运中心建设、支持秸秆能源化利用、支持秸秆原料化利用7个方面(图4-2)。

肥料化

饲料化

能源化

基质化

原料化

秸秆还田农机

秸秆收储中心

图4-2　农作物秸秆综合利用国家经济调控领域

一 支持秸秆肥料化利用

国家高度重视农作物秸秆肥料化利用,加大对秸秆还田工作的政策支持和资金投入。2017年,农业部启动实施了东北地区秸秆处理行动,以提高秸秆综合利用率和加强黑土地保护为目标,支持秸秆覆盖、深翻、过腹还田等多种方式,推动秸秆还田能力显著提升。截至2020年底,累计安排中央财政资金25.84亿元,支持东北地区156个县推进秸秆综合利用,每年秸秆还田量达到7100万吨。2020年,农业农村部会同财政部印发《东北黑土地保护性耕作行动计划》(农机发〔2020〕2号),将东北地区作为保护性耕作推广应用的重点,大力实施农作物秸秆覆盖还田、免

(少)耕播种等技术。2021年,中央财政投入资金28亿元,支持黑土地保护性耕作实施面积7000万亩。

二 增加秸秆还田农机补贴

农机购置补贴是党中央、国务院出台的一项重要的强农惠农富农政策,是《农业机械化促进法》明确规定的重要扶持措施。2004年政策出台以来,支持强度逐渐加大,惠及范围不断扩大,政策效果持续显现。目前,农业部已将秸秆粉碎还田机、青饲料收获机、青贮切碎机、翻转犁、深松机、捡拾压捆机、压捆机等促进秸秆综合利用的机具品目列入中央财政农机购置补贴范围,对属于这些品目的所有境内生产且通过农机推广鉴定的产品,农民可自主购置并按规定申请补贴。依据农业农村部办公厅、财政部办公厅《关于印发〈2021—2023年农机购置补贴实施指导意见〉的通知》(农办计财〔2021〕8号),实施新一轮农机购置补贴政策,进一步扩大补贴范围,提高补贴标准,加大补贴力度。2022年,中央财政安排补贴资金212亿元,同比增长11.58%。未来,农业农村部将会进一步调整优化农机购置补贴机具种类范围,将更多符合要求的秸秆综合利用、农业废弃物利用等绿色发展机具纳入补贴范围,加快秸秆利用机械化进程。

三 支持秸秆饲料化利用

秸秆饲料化利用是农作物秸秆利用的重要途径。近年来,农业农村部会同有关部门出台多项政策措施,积极推进农区秸秆饲料化利用,将秸秆饲料化作为中央财政支持秸秆综合利用的主要任务,在养殖优势地区发展秸秆养畜,促进秸秆资源就地转化、就近利用、过腹增值。1992—2017年,中央设立了秸秆养畜项目,大力推进秸秆饲料化利用工作,前后投入中央财政资金16.99亿元,建设秸秆养畜示范县900多个。在项目的示范带动下,秸秆养畜成为农区和半农半牧区牛羊养殖的主要模式。2015年农业部发布了《关于促进草食畜牧业加快发展的指导意见》,在开展粮改饲草食畜牧业发展试点、推广青(黄)贮和微贮等处理技术、加大对饲草料加工机具的补贴力度、培养新型经营主体、促进农牧循环发展方面提出了具体措施。2021年,农业农村部会同国家发展改革委印发了《"十四五"全国畜禽粪肥利用种养结合建设规划》,提出"十四五"期间建设250个畜禽粪污资源化利用整县推进项目县,在开展畜禽粪污肥料化利用的同时,大力推进秸秆综合利用,鼓励秸秆饲料化利用。未来农业农村部将持续强化秸秆利用的科技支撑,依托现代农业产业技术体系等专家力量,加强秸秆饲料化利用关键技术、核心装备等联合攻关。加快生物菌剂、酶制剂、饲料加工机械等推广应用,推进秸秆青(黄)贮、颗粒、膨化、微贮等技术产业化。

(四) 支持秸秆基质化利用

2017年农业部办公厅与国家农业综合开发办公室联合印发了《关于印发农业综合开发区域生态循环农业项目指引(2017—2020年)的通知》,在总结以前年度试点工作经验的基础上,对国家农业综合开发农业部专项投资扶持方向做出重大调整,集中力量在农业综合开发项目区推进区域生态循环农业项目建设,其中对农作物秸秆进行基料化利用是重要支持内容。建设内容主要包括基质原料制备车间、基质生产和储存车间、菌棚等,以及原料粉碎、菌种制备、灭菌、接种等机械设备等。同时,国家也不断拓展秸秆基质化利用途径。2022年,农业农村部办公厅印发了《关于做好2022年农作物秸秆综合利用工作的通知》(农办科〔2022〕12号),推动以秸秆为原料生产食用菌基质、育苗基质、栽培基质等,用于菌

菇生产、集约化育苗、无土栽培、改良土壤等。

（五）支持秸秆收储运中心建设

要充分认识农作物秸秆标准化收储中心建设的重要意义，秸秆收储运体系建设是秸秆综合利用工作的基础和重要环节，要大力培育秸秆收储运服务主体，构建县域全覆盖的秸秆收储和供应网络，打通秸秆离田利用瓶颈。要强化提升农作物秸秆标准化收储中心建设的责任意识和服务水平。不但要调动各级职能部门和建设主体的积极性，更要做好管理服务和技术指导，做好各部门间协调服务，推动农作物秸秆标准化收储中心在资金、用地、用电、环保等方面获得最大力度的支持。2016年，农业部会同财政部围绕构建环京津冀生态一体化屏障，投入资金10亿元，在河北、山西、内蒙古、辽宁、吉林、黑龙江、江苏、安徽、山东、河南10省（区）90个县，按照"整县推进、多元利用、政府扶持、市场运作"的原则，开展了秸秆综合利用试点，围绕秸秆"五料化"利用和收储运体系建设，探索区域可持续、可复制推广的秸秆综合利用技术、模式和机制。这一举措有力促进了区域秸秆处理整体能力的提升。2022年农业部将继续依托中央财政秸秆综合利用试点补助资金项目，支持开展秸秆收储运主体的培育和收储能力建设，进一步培育市场化主体。在秸秆利用重点县，按照合理运输半径，建设县有龙头企业、乡镇有规范收储组织、村有固定秸秆收储网点的收储运体系，推进秸秆收储运专业化、标准化、市场化。培育设备适用、技术先进的秸秆加工转化市场主体，带动区域秸秆处理能力的整体提升。

（六）支持秸秆能源化利用

长期以来，农业农村部积极推广秸秆热解气化、秸秆生物气化、秸秆固化成型、秸秆炭化等能源化利用技术。2022年农业农村部发布的《全国农作物秸秆综合利用情况报告》数据显示,2021年全国农作物秸秆产生量为8.65亿吨,秸秆利用量6.47亿吨,综合利用率达到88.1%。其中秸秆能源化利用率为8.5%,秸秆能源化利用量稳定在6000多万吨,可替代标准煤3000多万吨,减排二氧化碳7000多万吨,主要以直燃发电、成型燃料、炭化、热解气化、秸秆沼气、作为薪柴利用等为主。全国秸秆综合利用市场主体达3.4万家,能源化利用主体达8.9%。

（七）支持秸秆原料化利用

2015年,国家发展改革委、财政部、农业部、环保部联合印发了《关于进一步加快推进农作物秸秆综合利用和禁烧工作的通知》,要求各地统筹规划,坚持市场化的发展方向,在政策、资金和技术上给予支持,通过建立利益导向机制,支持秸秆代木、纤维原料、清洁制浆等新技术的产业化发展,完善配套产业及下游产品开发,延伸秸秆综合利用产业链。2016年,国家发展改革委办公厅、农业部办公厅联合下发了《关于印发编制"十三五"秸秆综合利用实施方案的指导意见的通知》,指导各地围绕秸秆综合利用重点领域开展工程建设和示范推广,其中秸秆代木、清洁制浆、秸秆生物基产品等高值化、产业化利用方式是重点推广内容。2022年国家鼓励以秸秆为原料,生产非木浆纸、人造板材、复合材料等产品,延伸农业产业链。在实现双碳目标的背景下,秸秆的原料化利用是农业生态产业发展新的增长点,也是实现秸秆高值化利用的重要保证。将秸秆资源转化为具有高附加值的商品,可有效实现工农复合型产业,拓展农业产业链,增加就业机会和农民收入。未来,在秸秆原料化利用上,国家将进一步加大资金支持力度,推动农作物秸秆原料化产业发展。

▶ 第四节　农作物秸秆综合利用的技术提升措施

　　我国是农业生产大国,也是农作物秸秆生产大国,据农业农村部发布的《全国农作物秸秆综合利用情况报告》,2021年全国农作物秸秆利用量为6.47亿吨,综合利用率达88.1%,较2018年增长了3.4个百分点。其中饲料化利用占比最高,达到76.9%,肥料化、燃料化、基料化、原料化利用分别占比7.8%、8.9%、3.8%、2.6%,但是在秸秆利用中也存在各种各样的问题。受制于缺乏专业的秸秆收储运体系,秸秆利用的产业化程度较低,秸秆利用企业的规模相对较小,效率较低;科技支撑能力不足,缺乏相关的配套设施,一些秸秆利用的关键技术难题有待解决。

一　提高秸秆机械化还田水平

　　随着人们认知水平的提高,越来越多的人开始意识到对秸秆进行综合利用的必要性。多数地区均已实现利用机械技术来处理秸秆,通过机械技术的优势,使秸秆得到更加充分的利用。但由于将机械化技术用于秸秆利用的时间较短,目前尚有亟待解决的问题,具体表现在以下两个方面。①要想通过充分利用秸秆的方式,使农业附属产业在秸秆消化利用方面的空缺得到弥补,关键是要由政府带头,对开展秸秆综合利用相关工作的意义进行宣传推广。但受人们认知、政策等因素的制约,多数地区未能做到为秸秆综合利用提供充足的资金支持,久而久之,不仅会使机械技术的推广工作受到影响,还会打击农户的积极性。②科学使用机械化技术可减少秸秆综合利用对人工的依赖性,使作业成本得到有力控制,与此同时,作业效率得到一定程度的提高。但受地理环境、技术使用基础不理想等因素的影响,目前多数地区对机械技术及设备加以使用的效果仍与理想状态存在较大差距,这也在一定程度上影响了秸秆的综合利用。

促进秸秆的综合利用,应加大对机械化技术的大力推广,帮助农户掌握机械化技术处理秸秆的方法。秸秆含有大量农作物生长所需的钾元素,利用秸秆还田,既能够使钾元素得到更加充分的利用,缓解钾肥供需不平衡的矛盾,又可以显著改善土壤活性,为农作物提供更加理想的生长环境。秸秆还田技术的优势和不足均十分突出,其优势在于技术简单、便于大范围推广,但存在还田成效释放缓慢的不足,在进行春播时,地表极易出现秸秆打堆的问题,给后续种植工作的开展造成影响。引入机械化技术,可使上述问题得到有效解决,但要想使机械化技术优势得到更加充分的发挥,还要重视以下三方面内容。①加大机械深松、免耕播种等技术的推广力度,确保旱作区水资源得到科学利用,避免由于蓄水保墒能力不断弱化,导致旱作区出现减产的问题。②常规放荒做法通常会给还田地块造成不良影响,致使周围环境受到污染。要想为环境提供有力保护,应对还田技术进行优化,鼓励农户购入秸秆粉碎机。先利用机械设备彻底粉碎秸秆,再将粉碎后的秸秆均匀覆盖地表,根据翻耕要求深翻地块,确保秸秆能够深埋地下,使其作用得到发挥。③酌情引入秸秆青贮、保护性耕种等技术,由地方政府组建相应的技术团队及推广团队,将技术推广工作交由专业人员负责,提高农户对秸秆资源利用的重视程度,定期组织开展相关培训活动,为农户日常生产提供科学指导,确保农户参与度得到大幅提高。事实证明,对机械化技术加以运用,可简化秸秆利用步骤,在减少农户所投入资金的前提下,使秸秆得到更加充分的利用,不仅能够避免环境被严重污染,还可使土壤物理性状得到改善,随着秸秆腐化速度加快,土壤肥力也会提高,促进农作物产量的

提高。

要想使秸秆资源得到综合利用,关键是要酌情引入机械化技术,既可以解决传统技术存在的秸秆综合利用不充分、污染周围环境等问题,还可以为各地区发展生态农业提供支持。未来,相关人员应加大对农业生产方式进行创新的力度,打造相应的生态产业链,在保证机械化技术得到大范围推广的前提下,向农业经济注入发展动力,促使各地区农业尽快向现代农业转型,实现农业的可持续发展。

二 深化秸秆能源化利用

国外生物质能技术开发是从20世纪70年代末期开始的,现已有很大进展。秸秆直燃发电的先进设备已投放市场,热解气化技术也突飞猛进,燃料乙醇等多项技术装备已进入规模化和商品化阶段。丹麦是世界上最早使用秸秆发电的国家,已建有130多座秸秆发电站,秸秆发电等可再生能源已占该国能源消耗总量的24%,丹麦发电技术也在西班牙、英国、瑞典、芬兰、法国等国投产运行多年,其中英国坎贝斯的生物质能发电厂是目前世界上最大的秸秆发电厂,装机容量3.8万千瓦。在加拿大首都渥太华以北的农业区,每年在收割季节,玉米收割机一边收割一边把玉米秆切碎,切碎的玉米秆作为肥料返到田里。近年来,日本地球环境产业技术研究机构与本田技术研究所共同研制出从秸秆纤维素中提取酒精燃料的技术,向实用化发展。秸秆在美国的用途也很广,可做饲料、手工制品,还可用来盖房。美国有350座生物质发电站,总装机容量达7000兆瓦,2010年美国生物质能发电达到13000兆瓦装机容量。我国的秸秆发电技术虽然起步较晚,但发展较快,主要分布在河南、黑龙江、辽宁、江苏、广东、浙江、甘肃等多个省。据专家预测,如果我国每年能利用全国50%的作物秸秆、40%的畜禽粪便、30%的林业废弃物以及开发5%

的边际土地种植能源作物,并建设约1000个生物质转化工厂,那么其产出的能源就相当于年产5000万吨石油,约为一个大庆油田的年产量,可创造经济效益400亿元。国内外生物质能利用技术经过多年的研究和发展,其综合性能源化应用主要有:已经普及的节能灶、小沼气;处于示范、推广阶段的厌氧处理粪便和秸秆气化集中供气技术;处于中试阶段的生物质能压制成型及其配套技术;正在研究中的纤维素原料制取酒精、热化学液化技术、供热发电和燃气催化制取氢气等。可提供的能量主要有电能、热能和交通能源。

秸秆能源化利用具有非常好的生态和社会效益,尽管目前有些秸秆能源化利用项目因秸秆收储困难、成本较高等因素制约,盈利状况较差,但整个产业发展潜力较大,应加以重点推进。一方面要大力扶持秸秆固化成型加工,通过秸秆就地粉碎压制成块,将大幅降低秸秆收储运输成本,加工后可代替煤炭等燃料,也可用于燃烧发电。通过实施燃煤锅炉改造同推进秸秆固化成型燃料相结合,将现有燃煤锅炉改造后使用秸秆燃料,通过补贴政策,促进秸秆固化成型产业的发展。另一方面发展农作物秸秆发电项目,对已经建成的秸秆发电厂进行技术改造和管理优化,加强秸秆收储运体系的建设,解决秸秆收集困难、成本过高的问题,从而改善发电厂的运营效益。其次支持秸秆制沼、秸秆气化的发展,推广使用秸秆户用沼气和户用型秸秆气化炉,在条件适合的地区,发展联户沼气。在现有的秸秆沼气试点基础上探索发展沼气与热解气的集中供气,尤其是在重要交通线和城市近郊,从而解决秸秆焚烧对交通运输安全的影响。同时结合畜牧业的发展,将大中型沼气工程建设在大型养殖场附近,实现"统一建池、集中供气",既可以向附近农户提供沼气能源,也可以给农业提供高效的有机肥,最终建立县、乡两级秸秆沼气综合服务体系,为各级秸秆沼气点提供检测、维修、养护、技术升级等服务,促

进农村秸秆沼气利用体系的产业化、规范化、社会化。

（三）推进秸秆工业化利用

秸秆工业化利用如秸秆造纸、秸秆塑料、秸秆包装、秸秆制板等，具有较高的附加值，且由秸秆生产的塑料、包装等产品绿色环保，将在未来市场上有较大的需求，产业发展的潜力较大，因此应根据区域分布的合理性，以市场为主导方向，推进秸秆工业化利用的发展，重点扶持现有规模较大、管理规范的秸秆工业化利用的重点企业，进一步增强企业的竞争力和市场占有率，打造品牌影响力。同时在有条件的企业探索研发秸秆酶制剂，开展秸秆制乙醇，通过不断技术创新，占有市场先机。同时扶持秸秆编织业的发展，带动当地农民进行草席、草绳、草编工艺品的加工生产，通过了解人们对于产品新颖、质感的需要，设计出更符合现代审美和消费理念的草编产品。政府通过扶持此类创业项目，推进秸秆手工艺品产业的发展，既能实现农民增收，又能减轻秸秆处理困难的压力。推进秸秆造纸、秸秆制板、秸秆编织、秸秆新型建材等工业化利用。进入近现代工业社会之后，一方面，由于使用化肥、品种优选和农作物产量增加等原因，农作物秸秆的量大幅度增加；另一方面，农业和工业机械的发展，使得秸秆的收集和处理能力成倍增加，秸秆利用获得了新的机遇。除了传统用途，农田秸秆在工业化水平上有了被赋予新价值的前提条件。①秸秆生物能源。秸秆生物质资源逐渐成为生产生物能源的主要原料来源。早在20世纪20年代，德国就用秸秆生物质生产燃料乙醇，生物质气化可生产用于照明和做饭的"煤气"，将秸秆生物质转化为生物源不仅避免了传统的对农作物秸秆的不科学利用（如焚烧），而且成本低廉，利润空间较大。这一举措对环境、气候有着积极正面的影响。②秸秆生物基材料。生物基材料主要包括生物基型材、生物塑料、生物基平台化合物、生物质功能高分子材料、功能糖产品、木基工程材料等产品。其中,秸秆作为生物基材料的原料,其按照处理方式可以分为两类:a)直接利用,就是将秸秆粉碎或切断后,直接加工基材进行利用,这方面主要是建筑用途、装饰材料等;b)将秸秆进行化学拆分、降解、转化或炼制成小分子物质,如甲醇、乙二醇和丙二醇等,其原则是利用纤维素、木质素及其降解产物,其结果是获得秸秆资源化学品。③秸秆造纸和用于包装行业。秸秆造纸历史悠久,但商品社会给秸秆造纸赋予了新内容。秸秆造纸除了传统的书写用途(含课本纸、报纸等)和生活用途,包装用纸(又称工业包装)是社会工业化新产生的用途。任何商品都需要包装,而随着各国"禁塑令"的开展,纸包装替代塑料包装成为该行业的发展趋势。目前尽管工业包装的生产工艺中使用的是纸浆(主要是废纸浆),但是其生产要求和使用要求与传统的造纸纸浆并不完全一致,作为纸浆模塑行业需要的原材料纸浆,需要更好的硬度和强度,即需要比较长、比较硬的纤维,而通过蒸煮废纸浆所得的纤维比较短和软。传统纸浆的漂白和软化工业大大增加了它的能耗和污染,其产生的白度和软度特性在工业包装中却并不必需。因此,根据工业包装的需求,利用现代科学技术生产环保廉价的新型纸浆原料是时代赋予秸秆工业化利用的使命。

随着人们生活条件的改善和技术、设备的改进,对于秸秆新用途的需求将会不断出现,利用秸秆生物质与塑料高分子材料结合,有可能延长秸秆生物质作为物质形态的存在时间,即一方面可作为降解材料,另一方面也成为能够长期储存的形态。其工艺学和理论基础,都值得系统研究。

(四) 加快秸秆综合利用装备的研发制造

现有秸秆综合利用方式的发展都或多或少地受制于相关机械装备

的缺乏,因此加快秸秆综合利用装备的研发制造意义深刻,通过鼓励高等院校、相关科研机构、农业技术推广站与农机装备生产企业的合作,推动秸秆还田机械、打捆机械、发电锅炉等装备的研发和制造,既可以推动农业机械装备生产企业的发展,也可以提高秸秆的利用效率,突破秸秆综合利用机械环节缺乏的瓶颈,加快秸秆综合利用技术集成和产业推广。

目前,我国在秸秆收集储运和综合利用技术与装备方面与国际先进水平相差仍然较大。今后要加大投入,组织产学研攻关,提高设备性能、拓展设备用途,降低设备成本,促进建立有效的秸秆收储运体系,破解秸秆产业化瓶颈。一是加大秸秆捡拾、打捆作业技术及装备的研究。针对稻麦、玉米联合收获作业后遗留在田间的秸秆,重点突破秸秆高效清洁捡拾、物料压缩密度三维传感反馈控制、均匀布料、填料、压缩、自动捆扎运动相位耦合等"开式"压缩成型关键共性技术,创新研制自走式秸秆捡拾打捆装备,优化牵引式秸秆捡拾打捆装备,满足不同模式下秸秆收获装备需求。二是加大秸秆切割、打捆作业技术及装备的研究。针对高留茬收获后的稻麦秸秆、摘穗收获后的玉米秸秆,突破硬质茎秆减阻低耗切割技术、割台仿形技术、切割刀具自磨刃技术、草捆暂储技术,研究开发自走式秸秆切割打捆装备,形成适应不同作业模式的秸秆收获装备体系,促进秸秆的综合利用。三是加大秸秆捡拾、粉碎、集箱作业技术及装备研究。为满足秸秆快速化收集、转运需求,区别于秸秆打捆收获装备,突破切割刀具自磨刃技术、粉碎秸秆低密度集箱技术、关键部件快速更换技术,研究开发一种适用于稻麦、玉米、蔬菜废弃物的捡拾、粉碎、集箱装备,一次性完成秸秆捡拾、切碎、装箱操作,提高秸秆堆积密度,降低秸秆收获成本。

（五）建设秸秆收贮运服务体系

秸秆收贮难、运输成本高一直是制约秸秆利用的重要因素，因此，要推进建立由政府管理、企业推动，专业的经济组织为主体，农民参与的秸秆收贮运服务体系。通过政策补助扶持秸秆收贮运专业合作经济组织的发展，建设"村企合作、合作共赢、劳务外包、分工明确"的收贮运服务体系。要求相关公司和经济组织结合村组的实际情况，深入田间地头开展秸秆收贮服务，提高秸秆收贮服务的水平。依据就近建设收贮运基地的原则，搭建"组级堆放点、村级收贮站、乡镇级贮运中心、县市级秸秆利用企业"的收贮运利用联合体系。通过补贴秸秆捡拾打捆机械、秸秆压实铲运机械等，提高收贮运全程机械化程度。结合安徽秸秆能源化利用现状，为了发挥秸秆气化技术的作用，需要逐步完善秸秆收储运体系，以各个地区现有的秸秆收储运模式为基础，对粮储基础设施完善的地区给予鼓励，开发新的秸秆能源化利用场地和从业人员，修建秸秆存储基地。当地企业也需要和农户、合作社等建立联系，摸索全新的合作模式，农业合作社更是要表现出带头作用，立足于企业、经纪人、合作社、基地、散户5个层面，建立完善的秸秆收储运体系，使各个主体可以成为利益共同体，政府部门、秸秆利用企业、收储运组织三者更是要签订协议，凭借三方合力，在当地建立市场化为主导的秸秆收储运联合体机制，秸秆采集设备需要定期更换，农民群众积极参与秸秆打捆、压缩等各项作业流程，为秸秆采集设备研发提供一些实际的建议，使得高密度压缩在实践中得到大范围推广。其间也可以借鉴其他国家在此方面的成功经验，结合安徽地区情况研发、优化设计农田秸秆作业基础设施，实现秸秆收割、打捆、存储运输等流程机械化、自动化，避免运输和存储等环节投入过多的成本，导致资源、资金浪费。为了避免秸秆气化过程中资源浪费，

需要建立集约型收储运模式。前期秸秆收储企业参与到秸秆能源化利用中,要保证建设的秸秆收储服务站专业性、规范性,所有基础设施与设备也要做好防雨、防潮处理,定期组织设备质检,监督秸秆粉碎和打捆,加强秸秆收集实际质量。立足于秸秆利用企业视角,一般情况下和收储企业合作,签订供货合同可规避秸秆供应随意性问题,规避供货环节的一些风险,加强原料供应稳定性,也可以通过不断实践完善秸秆收储运体系。

▶ 第五节 强化农作物秸秆综合利用重点工程建设

一 秸秆综合利用龙头企业提升工程

秸秆实现持续利用,需要市场推动,而企业是市场运行的重要组成部分,因此,国家需要围绕秸秆综合利用全产业链条,扶持一批掌握核心技术、成长性好、带动力强的企业,使其做大做强,成为地方的龙头企业。通过培育,对省内现有秸秆综合利用关联项目进行点对点帮扶,形成年实际利用秸秆量500吨以上、1000吨以上和10000吨以上不同规模的企业。支持企业"走出去"和"引进来"力度,开辟国内外市场和强化招商引智行动。按照龙头企业—产业链—产业集群—产业基地的模式,打造各地秸秆综合利用产业高地。完善秸秆综合利用重点项目库建设,结合秸秆产业化利用民生工程项目和中央财政农作物秸秆综合利用试点项目,以秸秆废弃物综合利用相关平台,全面推进秸秆综合利用重点工程项目建设。就如《安徽省农作物秸秆综合利用提升行动计划》中的要求:2025年末,全省培育年利用秸秆量500吨以上的秸秆综合利用规模企业1000家以上,年利用秸秆量1000吨以上秸秆综合利用龙头企业500家以上,粮食主产区各县(市、区)年利用秸秆量万吨级以上企业至少1家。要高附加延伸农作物秸秆生态绿色产业链。各地要立足地方气候条件和耕作制度带来的秸秆特性,积极引进秸秆利用量大、市场前景好、具有自我造血能力的,高附加值的秸秆综合利用企业,提高秸秆综合利用能力,拓宽秸秆综合利用途径,帮助企业做大、做优、做强。

(二) 秸秆综合利用装备提升工程

秸秆综合利用装备好坏是决定秸秆综合利用效果的重要因素,因此需要推进秸秆综合利用装备制造业发展,落实农机购置补贴政策,提高秸秆综合利用装备制造自主研发能力,支持高端智能秸秆综合利用装备研发制造,鼓励优势农机企业、科研院所直接对接收储运销主体,开展定制化技术服务,鼓励秸秆综合利用企业、科研单位引进和开发先进实用的秸秆捡拾打捆、固化成型、炭气油联产等新装备,推广秸秆就地就近实现资源化转化的小型化、移动式装备,研发推广成本低、效率高的秸秆收集初加工设备,同时支持装备企业开展跨省、跨国合作,打造秸秆综合利用装备产业集群,推进秸秆综合利用装备的产业化发展与应用。

(三) 秸秆综合利用信息化平台提升工程

建立秸秆资源利用信息化平台,形成精准作业监控平台,监测作业质量和作业面积,实现通过信息化设备在线实时监测水稻收割机的秸秆低茬收割粉碎还田作业情况,农机管理者坐在电脑前即可远程实时监控水稻秸秆粉碎作业面积、留茬高度、作业轨迹、图像等信息,让乡镇相关人员和机手快速了解掌握粉碎还田技术和农机信息化监控技术等。秸

秆综合利用信息化平台对推进秸秆综合利用具有重要的管理功能。筹建国家、省、市、县多级秸秆综合利用信息化平台,基本涵盖秸秆资源、收储运销体系、重点项目、龙头企业、产业园区、专家人才等信息资源,为各级政府制定秸秆综合利用相关政策和规划、进行产业布局和管理提供信息服务,为企业运行、先进实用技术的引进和研发、工艺设备的提升改造等提供信息支撑,方便政府、企业、公众参与秸秆综合利用事务。

（四）秸秆综合利用科技和人才提升工程

推进产学研政相结合,整合资源,推进秸秆综合利用科技研发和应用,着力解决秸秆综合利用共性关键技术瓶颈,完善秸秆综合利用产业技术体系,提高技术、装备和工艺水平。完善科研项目指南,加大秸秆综合利用关键技术与装备研发力度,同等条件下优先予以支持。指导秸秆综合科学合理利用。探索制定秸秆综合利用技术规程,规范秸秆综合利用标准,推进秸秆综合利用技术标准化发展。对市场前景广阔的新技术和新装备,加强市场推广力度,尽快形成生产能力和规模。开展多层次、多形式的技术合作和交流,秸秆综合利用技术创新平台和团队产学研共建,鼓励申报院士（博士后）工作站、各级重点实验室等创新创业平台和团队项目,通过秸秆综合利用产业博览会等平台促进产学研合作,引进、消化、吸收国内外先进的技术,提升自主创新能力,同时加快招商项目落地和技术推广应用。积极鼓励设有相关专业的高校与企业联合培养研究生。针对企业个性化需求和共性技术难题,支持高校与企业联合开展职工培训,加强培训农作物秸秆综合利用实用技术人才。

（五）强化秸秆资源化利用的技术工程

需要强化的主要技术工程有:秸秆能源化利用提升工程、秸秆原料化利用提升工程、秸秆饲料化利用提升工程、秸秆基料化利用提升工程、秸秆还田离田技术提升工程、秸秆收储体系提升工程等。

秸秆能源化利用提升工程方面,结合乡村清洁能源建设工程,加快推广秸秆生物天然气技术,支持秸秆气化清洁能源利用工程,鼓励建成大型生物天然气重点工程。大力推广农林生物质热电联产清洁供热模式,鼓励纯发电秸秆直燃电厂进行热电联产改造。

秸秆原料化利用提升工程方面:将秸秆工业原料化利用重点项目列入工业项目投资导向计划,支持秸秆清洁制浆、秸秆板材、秸秆代木、秸秆全生物基聚酯材料等重点项目建设,促进秸秆工业原料化利用产业集群式发展。鼓励重点建设年利用秸秆万吨级以上原料化利用重点项目。

秸秆饲料化利用提升工程方面:制定完善全株青贮、裹包青贮、秸秆微贮、秸秆压块制粒等秸秆饲料化相关技术规程和标准,逐步提高秸秆饲料饲用量、饲用效率和经济效益。研发、引进、推广秸秆生物处理、秸秆膨化、秸秆压块制粒等技术。

秸秆基料化利用提升工程方面:以农作物秸秆基料化商品化利用基地为载体,培育秸秆基料化龙头企业,带动区域秸秆基料化消纳能力。

秸秆还田离田技术提升工程方面:规范全省秸秆还、离田技术路线,推进农机装备、农业技术、农业信息化在秸秆还、离田中的集成应用。强化科技支撑,建立农民骨干专业队伍和科技专家团队,大力培育服务主体,引导农机专业合作组织积极开展秸秆还、离田服务作业。培育具备标准化、机械化作业能力的专业服务组织。大力推广应用商品有机肥、生物炭基肥等肥料化利用方式,推动秸秆肥料化利用转型升级。试点推广秸秆覆盖还田和离田进园保护性耕作技术。

秸秆收储体系提升工程方面:在现有秸秆收储体系的基础上,进一步完善以需求为导向、企业为龙头、专业合作经济组织为骨干、农户参

与、市场化运作的秸秆收储运销体系建设,统筹构建乡镇有标准化收储中心、村有固定收储点的秸秆收储体系网络,逐步扩大实际收储产能,实现秸秆收储运销网络粮食主产区乡镇全覆盖。

参 考 文 献

［1］张玲.农作物秸秆综合利用实用技术［M］.哈尔滨:哈尔滨工程大学出版社,
　　2011.

［2］梁文俊,刘佳,刘春敬,等.农作物秸秆处理处置与资源化［M］.北京:化学工
　　业出版社,2018.

［3］刘瑞玲.秸秆饲料的物理加工方法［J］.饲料博览,2016(7):11-13.

［4］侯端良,李宽阁,高原.常用的秸秆饲料化学处理法［J］.畜牧兽医科技信
　　息,2006(1):72.

［5］孙明,王艳芹,仲子文,等.农作物秸秆饲料化利用方法［J］.中国畜禽种业,
　　2020,16(11):83.

［6］卓从申.农村秸秆的氨化、青贮及利用技术［J］.畜牧兽医科技信息,2019
　　(9):172.

［7］张祖立,刘晓峰,李永强,等.农作物秸秆膨化技术及膨化机理分析［J］.沈
　　阳农业大学学报,2001,32(2):128-130.

［8］焦龙.秸秆饲料中的微生物技术运用技巧探究［J］.农业与技术,2020,40
　　(14):34-35.

［9］华秀爱,周元军.秸秆仿生饲料的制作技术［J］.农业科技通讯,2003(8):
　　21-22.

［10］庞杰,于传宗,王海燕,等.秸秆基质化生产食用菌的研究与应用思考［J］.
　　食药用菌,2022,30(2):89-94.

［11］范如芹,罗佳,严少华,等.农作物秸秆基质化利用技术研究进展［J］.生态
　　与农村环境学报,2016,32(3):410-416.

［12］高翔.江苏省农作物秸秆综合利用技术分析［J］.江西农业学报,2010,22
　　　（12）:130–133,140.

［13］刘丽莉,张仲欣.秸秆综合利用技术［M］.北京:化学工业出版社,2018.

［14］中国农学会.秸秆综合利用［M］.北京:中国农业出版社,2019.

［15］农业农村部办公厅,国家发展改革委办公厅,农业农村部办公厅　国家发
　　　展改革委办公厅关于印发《秸秆综合利用技术目录(2021)》的通知［J］.中
　　　华人民共和国农业农村部公报,2021(11):63–74.

［16］严良聪.水稻秸秆半纤维素转化木糖及木糖醇的工艺研究［D］.成都:西南
　　　交通大学,2017.

［17］马超,王玉宝,邬刚,等.近十年安徽省秸秆直接还田研究进展［J］.中国农
　　　业科学,2022,55(18):3584–3599

［18］胡宏祥,徐启荣.农业生态环保［M］.合肥:合肥工业大学出版社,2021.